民族预科系列教材

Physics

# 物理

主编◎李海丰　　王美莲

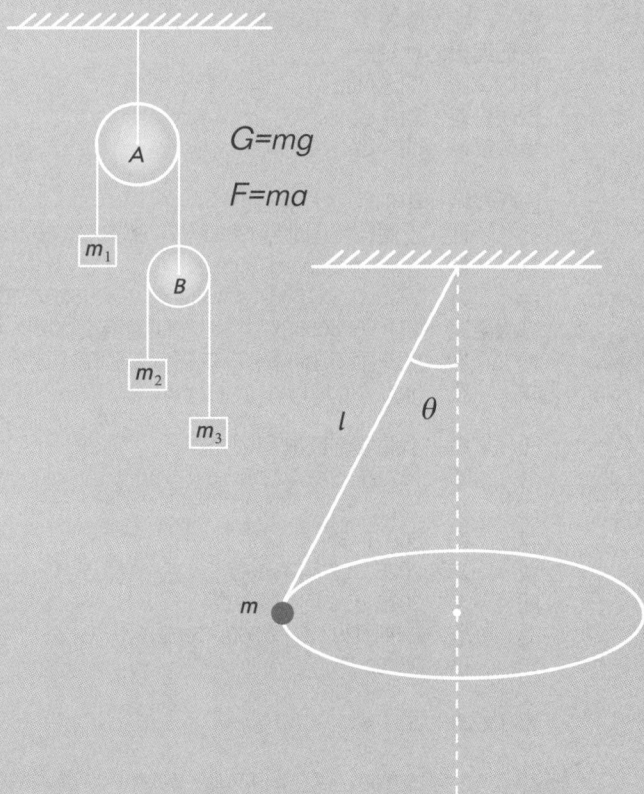

$G=mg$

$F=ma$

华东师范大学出版社
·上海·

图书在版编目(CIP)数据

物理/李海丰,王美莲主编. —上海:华东师范
大学出版社,2025. —ISBN 978 - 7 - 5760 - 5662 - 4

Ⅰ.04

中国国家版本馆 CIP 数据核字第 2025N23X97 号

# 物理

主　　编　李海丰　王美莲
责任编辑　蒋梦婷
特约审读　沈逸凡
责任校对　刘伟敏
装帧设计　俞　越

出版发行　华东师范大学出版社
社　　址　上海市中山北路 3663 号　邮编 200062
网　　址　www.ecnupress.com.cn
电　　话　021 - 60821666　行政传真 021 - 62572105
客服电话　021 - 62865537　门市(邮购)电话 021 - 62869887
地　　址　上海市中山北路 3663 号华东师范大学校内先锋路口
网　　店　http://hdsdcbs.tmall.com

印　刷　者　上海展强印刷有限公司
开　　本　787 毫米×1092 毫米　1/16
印　　张　12.25
字　　数　300 千字
版　　次　2025 年 2 月第 1 版
印　　次　2025 年 8 月第 2 次
书　　号　ISBN 978 - 7 - 5760 - 5662 - 4
定　　价　36.00 元

出 版 人　王　焰

## 绪 论

0.1 物理学 ……………………………………………… 1

0.2 物理学的分支 ……………………………………… 5

0.3 物理学研究和方法 ………………………………… 8

0.4 预科物理学基本性质与学习 …………………… 12

## 第一章 初识微积分

1.1 函数的极限 ………………………………………… 14

1.2 函数的连续性 ……………………………………… 17

1.3 导数与微分 ………………………………………… 18

1.4 原函数与不定积分 ………………………………… 23

1.5 定积分 ……………………………………………… 29

练习题 …………………………………………………… 38

## 第二章 运动学

2.1 运动学基础 ………………………………………… 40

2.2 常见的运动 ………………………………………… 46

2.3 求解运动学两类问题 ……………………………… 54

## 第三章 牛顿定律

3.1 力、力的性质与平衡 ……………………………… 61

3.2 牛顿第一定律 ……………………………………… 64

3.3 牛顿第二定律 ……………………………………… 65

3.4 牛顿第三定律 ……………………………………… 67

3.5 牛顿定律的应用 …………………………………… 68

练习题 …………………………………………………… 73

## 第四章 动量与能量

4.1 动量及动量守恒 …………………………………… 74

4.2 功、动能及动能定理 ……………………………… 80

4.3 功能原理及机械能守恒 …………………………… 87

4.4　碰撞与功能转换 ………………………………… 89

4.5　动量与动能应用 ………………………………… 91

练习题 ……………………………………………… 94

## 第五章　热学基础

5.1　热与热平衡 ……………………………………… 96

5.2　物质的三态与转化 ……………………………… 99

5.3　热的本质与膨胀 ………………………………… 102

5.4　理想气体的运动 ………………………………… 107

练习题 ……………………………………………… 113

## 第六章　静电场

6.1　库仑定律 ………………………………………… 114

6.2　电场、电场强度 ………………………………… 115

6.3　电通量与高斯定理 ……………………………… 118

6.4　电势 ……………………………………………… 121

6.5　等势面 …………………………………………… 123

6.6　电容器 …………………………………………… 126

6.7　静电的运用 ……………………………………… 130

练习题 ……………………………………………… 132

## 第七章　稳恒磁场

7.1　稳恒电流 ………………………………………… 133

7.2　磁场 ……………………………………………… 135

7.3　磁高斯定理和安培环路定理 …………………… 137

7.4　带电粒子在磁场中的运动 ……………………… 142

7.5　载流导线在磁场中受力 ………………………… 143

练习题 ……………………………………………… 146

## 第八章　电磁感应与电磁场

8.1　电磁感应定律 …………………………………… 147

8.2　动生电动势与感生电动势 ……………………… 150

8.3　自感与互感 ……………………………………… 153

8.4  磁场能量及密度 ················· 156

练习题 ································ 160

## 第九章  光学基础

9.1  相干光、反射与折射 ············· 161

9.2  光的干涉与衍射 ················· 163

9.3  液晶及几何光学 ················· 167

9.4  实验 ·························· 174

练习题 ································ 178

## 第十章  波动

10.1  机械波 ······················ 179

10.2  波的能量及密度 ··············· 182

10.3  驻波与多普勒效应 ············· 183

10.4  声波与超声波 ················· 185

10.5  实验 ························· 186

练习题 ································ 188

# 绪　　论

物理学（physics）是研究物质最一般的运动规律和物质基本结构的学科。其研究大至宇宙，小至基本粒子等一切物质最基本的运动形式和规律，是一门有众多分支的基础科学，是其他各自然科学学科的研究基础。

本书主要面向预科学生，作为概念性基础物理课程教材，夯实预科学生中学基础物理知识，预习大学物理基础知识；引导学生观察和分析物理现象，构建预科学生物理学习方法，培养预科学生对自然科学探索的兴趣，提高预科学生科学研究的能力。

在绪论中，我们主要探讨物理学研究的对象、范围、分类、领域、方法、性质，以及物理学发展史等问题。

## 0.1　物　理　学

物理学是一门自然科学，注重研究物质、能量、时间和空间等，以及它们各自的性质与彼此之间的相互联系，主要探索和分析大自然的规律及现象。

在 17 世纪前，物理学主要是从人们观察到的生活现象中发现和总结规律。古希腊人把所有对自然界的观察和思考都笼统地包含在自然哲学中，这是一门包罗万象的学问，所以物理学又被称为自然哲学。

从牛顿著作《自然哲学的数学原理》中可以看出，物理学与数学、化学、天文学、地质学等一样，都属于自然科学这一分类。书中主要对牛顿力学和微积分的应用进行释义，二者使物理学得到快速发展。电磁现象的发现，以及导线在磁场中运动时会产生电流的现象，使力学和电学得到统一。麦克斯韦方程组预言光是电磁波，从而使光学、电学、力学得到了统一。到了 19 世纪末，物理学已经形成比较完整的体系，随着时代的发展，物理学也逐渐与生物学、化学、地质学等分开,形成一套完整的体系,成为自然科学的一个重要分支。

宏观上物理学可以解释物体的运动规律,微观上物理学可以用来解释原子和分子层面上涉及化学、生物学和其他科学的基本相互作用。例如,量子力学最初是由物理学家在 20 世纪早期发展起来的,其在化学领域也发挥了重要的作用,现代化学充分利用量子力学的物理理论来解释原子如何结合成分子。物理学也常被人们视为最量化的科学,在其他学科中使用的温度计量、尺度计量等都源于物理计量单位,例如大到天体的距离用光年来计算,小到分子间、原子间的距离使用纳米、皮米、阿米来计算等。

数学语言在物理学中的广泛使用,使物理概念和规律得到简洁、准确的表达。一方面,物理学不断地对数学提出新课题,如牛顿不仅是一位伟大的物理学家也是微积分的创始人之一。另一方面,物理学又依靠数学的成果推动自身发展,如概率论用于统计物理,黎曼几何用于相对论,都推动物理学的发展。

## 0. 1. 1 物理学的研究对象

世界是物质的世界,对物质的正确理解是我们认识和把握世界本质和规律的前提。自然界各种物质既有结构层次的不同,又有运动形式的千变万化,与其他科学相比,物理学更着重于追求研究物质世界的基本规律,研究对象主要包括物理现象、物质结构、物质间相互作用、物质运动规律等。

物理学家们一直在为发现最小粒子不断前行。在 20 世纪 30 年代,普遍认为物质的最小结构单元是质子、中子、电子和光子,并称它们为基本粒子,实际上所谓基本粒子应该是物质的最初结构,本身不应该有结构。到 20 世纪 60 年代后,通过高能加速器又发现了大批新粒子,现在物理学中讨论的基本粒子指的是目前还没发现有内部结构的粒子,主要有轻子、夸克、光子和胶子等。2023 年诺贝尔物理学奖授予三位物理学家,以表彰他们将产生阿秒光脉冲的实验方法用于研究物质的电子动力学。随着对原子内部观测和测量手段的不断发展,人类有可能会研究出更新一层次的物质基本结构。

诺贝尔奖

### 1. 物质的存在形式

粒子相互作用结合在一起,组成了丰富的万千物质世界,当今物理学界普遍认为物质主要以实物物质和场物质两种形式存在。实物物质具有质量,占有一定空间,实物物质又分为宏观物质和微观物质。一般来说,宏观物体显示粒子性,其运动规律可以用牛顿力学来描述;微观粒子显示波粒二象性,其运动要用量子力学来描述。

物体与物体之间又存在某种相互作用,而相互作用必然通过媒介才能实现,传递相互作用的媒介称为场,例如电磁场、引力场等。场和实物一样具有质量、动量、能量等,一样遵守能量守恒、电荷守恒等普适定律。

黑洞

#### 2. 物质间相互作用规律

自然界中存在的基本相互作用主要包括引力相互作用、电磁相互作用、弱相互作用和强相互作用四种,常称为自然界四力或宇宙基本力。

引力相互作用是一种十分微弱的长程作用,存在于所有物质之间。因为引力相互作用在四种基本相互作用中是最弱的,粒子质量又很小,所以粒子世界中引力相互作用可以忽略不计。在宏观领域,尤其是天体问题中,由于涉及的质量很大,则引力起主要作用。

电磁相互作用只存在于带电粒子之间,电子和原子核就是通过电磁相互作用结合为原子,日常生活中常见的摩擦力、弹力可归结为分子之间的电磁相互作用。其主要理论有经典电动力学和量子电动力学。

弱相互作用是一种短程作用,它是引起粒子间某些过程的重要因数如粒子的衰变,研究弱相互作用的理论是量子味动力学。

量子味动力学

强相互作用由于其强度大和力程短而成为粒子间最重要的相互作用。它在粒子间距离为 $10^{-15} \sim 0.4 \times 10^{-15}$ m 时表现为引力,距离再减少表现为斥力。正是强力将夸克束缚在一起组成质子和中子,并将质子和中子束缚在一起组成原子核。研究强相互作用的理论是量子色动力学。

#### 3. 物质运动规律

运动是物质固有的属性,恩格斯说:“运动,就它被理解为物质的存在方式、物质的固有属性这一最一般的意义来说,涵盖宇宙中发生的一切变化和过程,从单纯的位置变化直到思维。”物质和运动是不可分割的,运动是物质的运动,物质是运动着的物质,离开物质的运动和离开运动的物质都是不可想象的。物质世界的运动是绝对的,而物质在运动过程中又有某种相对的静止。相对静止是物质运动在一定条件下的稳定状态,具体包括两种状态:空间的相对位置暂时不变和事物的根本性质暂时不变。运动的绝对性体现了物质运动的变动性、无条件性,静止的相对性体现了物质运动的稳定性、有条件性。

时间和空间是物质运动的存在形式。时间是指物质运动的持续性、顺序性,特点是一维性,即时间的流逝一去不复返。空间是指物质运动的广延性、伸张性,特点是三维性,即空间具有长、宽、高三方面的规定性。物质运动总是在一定的时间和空间中进行的,没有离开物质运动的"纯粹"时间和空间,也没有离开时间和空间的物质运动。物质运动与时间和空间的不可分割,证明了时间和空间的客观性。具体物质形态的时空是有限的,而整个物质世界的时空是无限的。

## 0.1.2　物理学的研究范围

物理学研究的范围主要包括质量尺度、空间尺度、时间尺度和速率尺度四个方面。下面具体表述质量尺度和空间尺度:

### 1. 质量尺度

质量尺度小到电子,大到宇宙。电子(electron)是带负电的亚原子粒子,最早是在 1897 年由剑桥大学卡文迪许实验室的约瑟夫·约翰·汤姆森在研究阴极射线时发现的,它可以是自由的(不属于任何原子),也可以被原子核束缚。原子中的电子在各种各样的半径和描述能量级别的球形壳里存在,球形壳越大,包含在电子里的能量越高。电子属于亚原子粒子中的轻子类,轻子被认为是构成物质的基本粒子之一,它带有 1/2 自旋,即又是一种费米子(按照费米—狄拉克统计)。电子所带电荷为 $e = -1.6 \times 10^{-19}$ C(库仑),质量为 $9.11 \times 10^{-31}$ kg($0.51 \text{ MeV/C}^2$),能量为 $5.11 \times 10^5$ eV,通常被表示为 $e^-$。电子的反粒子是正电子,它带有与电子相同的质量、能量、自旋和等量的正电荷(正电子带 +1 单位电荷)。

物质的基本构成单位——原子是由电子、中子和质子三者共同组成的。中子不带电,质子带正电,原子对外不显电性。相对于中子和质子组成的原子核,电子的质量极小。质子的质量大约是电子的 1840 倍。

宇宙质量约为 $10^{53} \sim 10^{54}$ kg,我们生活其中的宇宙约有近 2 000 亿个星系,小的星系有几十亿颗恒星,大的星系约有近 4 000 亿颗恒

轻子

星,每个星系平均约有 2 000 亿颗恒星。

设宇宙和光子的质量分别为 $M$ 和 $m$,光子到宇宙中心的距离为 $r$(也是宇宙允许的最大半径),光子的速度为 $c$。由于光子运动所需的向心力是由万有引力提供的,根据公式:

$$F = GmM/r^2$$
$$F = mc^2/r$$
$$M = \rho V = 4\rho r^3 \pi/3,$$

**注**: $G = 6.67 \times 10^{-11}$ N·m²/kg², $c = 2.997\ 924\ 58 \times 10^8$ m/s,理论临界密度为 $\rho = 5 \times 10^{-27}$ kg/m³, $\pi = 3.141\ 592\ 653$。

得宇宙的总质量(约)　　$M = 3.415\ 788 \times 10^{53}$ kg。

### 2. 空间尺度(见图 0-1)

物质根据空间分为:原子、原子核、基本粒子、DNA 长度、最小的细胞、星系团、银河系、恒星的距离、太阳系、超星系团、哈勃半径等。

物质根据时间分为:基本粒子寿命 $10^{-25}$ s、宇宙寿命 $10^{18}$ s;

物质根据空间尺度分为:量子力学、经典物理学、宇宙物理学;

物质根据速率大小分为:相对论物理学、非相对论物理学;

物质根据客体大小分为:微观、介观、宏观、宇观;

物质根据运动速度划分为:低速、中速、高速;

物质根据研究方法划分为:实验物理学、理论物理学、计算物理学。

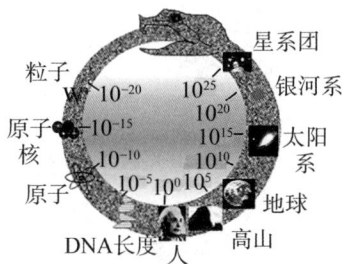

图 0-1　物质空间尺度/m

# 0.2　物理学的分支

## 0.2.1　物理学的分类

19 世纪物理学主要分为力学、热学、电磁学、光学和原子物理等;20 世纪物理学主要分为量子物理、核物理、相对论和天体物理等。17 世纪到 20 世纪,力学、热力学、电学、电磁学得到了持续的发展,已经形成经典理论,有时我们将这四个分支统称为经典物理学。到 20 世纪初期,科学家对微观物质的研究取得了前所未有的进展,形成了原子物理学、核物理学、粒子物理学和凝聚态物理学的系统理论,这几类分支被称为近代物理学。物理学的主要分支如表0-1所示。

表0-1 物理学分类及主要研究内容

| 序号 | 分类名称 | 主要研究内容 |
|---|---|---|
| 1 | 力学 | 物体机械运动的基本规律及关于时空相对性的规律 |
| 2 | 电磁学 | 电磁现象、物质的电磁运动规律及电磁辐射等规律 |
| 3 | 热力学 | 物质热运动的统计规律及其宏观表现 |
| 4 | 狭义相对论 | 物体的高速运动效应以及相关的动力学规律 |
| 5 | 广义相对论 | 研究在大质量物体附近,物体在强引力场下的动力学行为 |
| 6 | 量子力学 | 微观尺度下物质的运动现象以及基本运动规律 |

此外,物理学还包括:粒子物理学、原子核物理学、原子与分子物理学、固体物理学、凝聚态物理学、激光物理学、等离子体物理学、地球物理学、生物物理学、天体物理学等。

## 0.2.2 物理学的研究领域

### 1. 物理学发展历程

当今物理学与科学技术紧密联系在一起,相互交叉,相互促进。"没有昨日的基础科学,就没有今日的技术革命"。例如:核能的利用、激光器的产生、层析成像技术(CT)、超导电子技术、粒子散射实验、X射线的发现、受激辐射理论、低温超导微观理论、电子计算机的诞生。几乎所有的重大新(高)技术领域的创立,事先都在物理学中经过长期的酝酿,物理学发展历程见表0-2。

表0-2 物理学发展历程

| 时间(年) | 姓名 | 主要研究内容 |
|---|---|---|
| 1564~1642 | 伽利略·伽利雷 | 人类现代物理学的创始人,奠定了人类现代物理科学的发展基础 |
| 1900~1926 | 普朗克、玻尔、海森堡、爱因斯坦等 | 建立了量子力学 |
| 1926 | 恩里科·费米、保罗·狄拉克 | 建立了费米-狄拉克统计 |
| 1927 | 菲利克斯·布洛赫 | 建立了布洛赫波的理论 |
| 1928 | 索末菲 | 提出能带的猜想 |
| 1929 | 派尔斯 | 提出禁带、空穴的概念,同年贝特提出了费米面的概念 |

（续表）

| 时间(年) | 姓名 | 主要研究内容 |
|---|---|---|
| 1947 | 巴丁、布拉顿、肖克莱 | 发明了晶体管,标志着信息时代的开始 |
| 1957 | 皮帕得 | 测量了第一个费米面超晶格材料纳米材料光子 |
| 1958 | 杰克·基尔比 | 集成电路 |
| 20 世纪 70 年代 | | 大规模集成电路 |

#### 2. 物理学主要研究领域

物理学主要包括四个研究领域:凝聚态物理,原子、分子和光学物理,高能(粒子)物理,天体物理。

凝聚态物理(Condensed Matter Physics)是研究凝聚态物质的物理性质与微观结构以及它们之间的关系,即通过研究构成凝聚态物质的电子、离子、原子及分子的运动形态和规律,从而认识其物理性质的学科,是当今物理学最大也是最重要的分支学科之一。常见的凝聚态相是固体和液体,它们由原子间的键和电磁力所形成,如液氦、熔盐、液态金属,以及液晶、乳胶与聚合物等。更多的凝聚态相包括玻色-爱因斯坦凝聚的玻色气体和量子简并的费米气体;某些材料中导电电子呈现的超导相;原子点阵中出现的铁磁和反铁磁相。凝聚态物理一直是最重要的研究领域之一,起源于 19 世纪固体物理学和低温物理学的发展。

原子、分子和光学物理研究原子尺寸或几个原子结构范围内,物质与物质、光与物质的相互作用。原子与分子物理学是一门基础学科,它为现代科学各分支学科提供基础理论、实验方法和基本数据,是许多研究领域的基础,原子与分子是组成物质的基本结构单元,原子与分子物理学的发展对物质科学的研究尤为重要。原子物理处理原子的壳层,集中在原子和离子的量子控制、冷却和诱捕、低温碰撞动力学、准确测量基本常数、电子在结构动力学方面的集体效应。而核分裂、核合成等核内部现象由于受核的影响则属高能物理。分子物理集中在多原子结构以及它们内外部和物质及光的相互作用,光学物理只研究光的基本特性及光与物质在微观领域的相互作用。这三个领域是密切相关的。

高能物理学又称粒子物理学或基本粒子物理学,是物理学的一个分支学科,研究比原子核更深层次的微观世界中物质的结构性质,和在很高的能量下这些物质相互转化的现象,以及产生这些现象的原因和规律。它是一门基础学科,是当代物理学发展的前沿之一。粒子物理学是以实验为基础,而又基于实验和理论密切结合发展的。由于许多基本粒子在自然界原本并不存在,只在粒子加速器中与其他粒子高能碰撞下才出现。据基本粒子的相互作用标准模型描述,有 12 种已知物质的基本粒子模型(夸克和轻粒子)。它们通过强、弱和电磁基本力相互作用。标准模型还预言希格斯-玻色粒子存在,于 2012 年被发现。

天体物理(Astrophysics)既是天文学的一个主要分支,也是物理学的分支之一,它是利用物理学的技术、方法和理论来研究天体的形态、结构、物理条件、化学组成和演化规律的学科。(图 0 - 2 为太阳系部分星体)

天体物理和现代天文学是将物理的理论和方法应用于研究星体的结构和演变、太阳系的起源,以及宇宙的相关问题。因为天体物理的范围较宽,它利用了物理的许多原理,包括力学、电磁学、统计力学、热力学和量子力学。受地球大气的影响,观察空间通常需要使用红外线、超紫外线、γ 射线和 X 射线等。从公元前 129 年古希腊天文学家喜帕恰斯目测恒星光度起,中间经过 1609 年伽利略使用光学望远镜观测天体、绘制月面图,1655～1656 年惠更斯发现土星光环和猎户座星云,后来还有哈雷发现恒星自行,到 18 世纪老赫歇耳开创恒星天文学,称为天体物理学的孕育时期。后期随着天体物理学的不断发展,天文观测和研究不断出现新成果和新发现,例如:1859 年,基尔霍夫对太阳光谱吸收线(即夫琅禾费谱线)的研究推动了天文学家用分光镜研究恒星;1864 年,哈根斯用高色散度的摄谱仪观测恒星,发现某些元素的谱线;1885 年,皮克林首先使用物端棱镜拍摄光谱,通过对行星状星云和弥漫星云的研究,在仙女座星云中发现新星。这些发现使天体物理学不断向广度和深度发展。

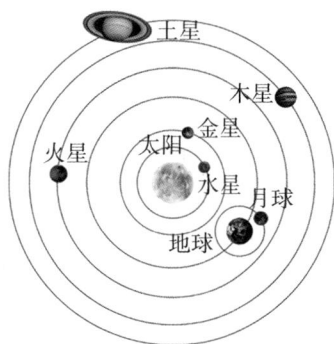

图 0 - 2　太阳系

# 0.3　物理学研究和方法

## 0.3.1　物理学研究

现代物理学是一门理论和实验高度结合的精确科学,研究的方法

通常包含四个过程,分别是:

(1) 提出物理命题,一般是从新的观测事实或实验事实中提炼出来,或从已有原理中推演出来;

(2) 尝试用已知理论对命题作解释、逻辑推理和数学演算,如现有理论不能很好地解答,需修改原有模型或提出全新的理论模型;

(3) 对新理论模型提出理论预言,并且用实验验证新理论预言的正确性;

(4) 最终形成科学合理的理论,注意一切物理理论最终都要以观测或实验事实为准则,当一个理论与实验事实不符时,它就面临着被修改或被推翻。

## 0.3.2  方法

著名物理学家爱因斯坦说:"发展独立思考和独立判断的一般能力,应当始终放在首位,而不应当把专业知识放在首位。如果一个人掌握了他的学科的基础理论,并且学会了独立思考和工作,他必定会找到自己的道路,而且比起那种主要以获得细节知识为其培训内容的人来,他一定会更好地适应进步和变化。"

物理学习方法通常指运用现有的物理知识对物理问题作深入的学习和研究,找到解决物理问题的基本思路与方法。常采用的物理研究和学习的方法有观察法、实验法、类比法、分析法、模型法、综合法、控制变量法、图表法、归纳法、转化法等,其中观察法、实验法、类比法和归纳法是物理学最常用的四大实验方法。

### 1. 观察法

观察法通常是人们为了认识事物的本质和规律,有目的、有计划地对事物进行考察的一种方法,是人们收集获取记载和描述感性材料的常用方法之一,是最基本最直接的研究方法。科学开始于观察,物理观察包括对实验的观察和对自然界的观察,观察是研究物理世界的入门向导,抓不住现象,就不可能深入了解物理规律。观察的目的在于了解现象,取得资料,提出问题。科学的观察不同于简单地看,物理的观察可分为直接观察和间接观察,都是在有准备有计划有目的情况下进行的。所以科学的观察需要进行观察记录,目的是发现问题,根据观察记录总结规律,同时找到解决问题的方法。

例如:在学习声音的产生时,可以观察小纸片在扬声器中的运动状态,观察正在发声的音叉插入水中激起水花,观察知了鸣叫的

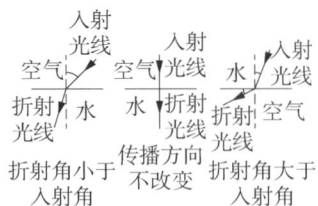

折射角小于入射角　传播方向不改变　折射角大于入射角

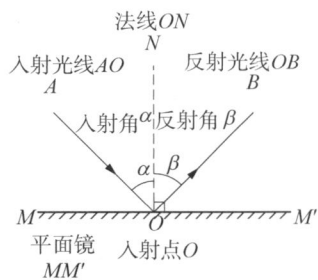

法线ON
N
入射光线AO　　　　反射光线OB
A　　　　　　　　　B
入射角α　反射角β
M　　　　O　　　　M'
平面镜　　入射点O
MM'

图0-3　各种现象的图片

图0-4　中国天眼

情况,会发现发出声音的物体都在振动;除此之外还有光的反射规律、光的折射规律、凸透镜成像、滑动摩擦力与哪些因素有关、水的沸腾等。(图0-3)

通过观察天空中的天体运动,我们可以发现它们遵循一定的规律,中国天眼(图0-4)位于贵州省黔南州平塘县,口径500米的球面射电望远镜是世界上最大、精度最高的单天线射电望远镜。理论上它最远可以观测到137亿光年宇宙范围内的无线电信号,天眼的主要任务就是发现脉冲星,现在已经发现了很多宇宙中的不明信号,但是到底哪些是有用的,哪些是无用的还需要依靠更多的专家来破解分析。对于中国天眼来说,搜索接收宇宙中可疑的神秘信号并不难,难的是破解,如果外星文明的无线信号能够跨越遥远的空间来到地球,那我们就有可能对宇宙有进一步的了解。自人类文明诞生以来,人们对地球之外宇宙的探索从没有停止,不过宇宙是浩瀚无边的,美国几十年前发射的探测卫星旅行者号至今还没有走出太阳系。所以,针对事物会有着不同的观察方法和工具,中国天眼是观察工具,美国的旅行者号也是观察工具,发展高精尖的观察工具也给观察法带来了新的条件。

### 2. 实验法

实验法同观察法一样,也是获取感性材料的基本方法。不同于观察法,实验法可以获得更丰富、更精准、更系统、更深刻的感性材料,没有实验就没有近代自然科学。按实验目的不同可以将实验分为探索性实验和验证性实验,我们在物理学习中做的实验通常是验证性实验;根据实验对象质和量的不同特征,实验还可分为定性实验和定量实验。例如:法拉第电磁感应定律验证实验。

当用一根条形磁铁快速插入或拔出螺线管,电流表指针发生偏转,偏转角度较小;当用两根条形磁铁快速插入或拔出螺线管,电流表指针也发生偏转,偏转角度比一根条形磁铁快速插入或拔出时大。分析该实验过程,当线圈的匝数一定,两次磁铁快速插入或拔出的时间相等时,因第二次用两根磁铁快速插入或拔出,使磁感应强度 $B$ 增加了,根据磁通量计算公式 $\varphi = BS$,则磁通量 $\varphi_1$ 小于 $\varphi_2$,这说明了感应电动势的大小与磁通量有直接的关系。当用同一根条形磁铁实验时,先将条形磁铁缓慢插入螺线管中,电流表指针发生偏转,偏转角度较小;而用相同的条形磁铁快速插入螺线管中,发现电流表指针的偏转角度比慢速插入时更大。当其他条件都相同时,快插入时间短,慢插入时间长,说明了时间 $t$ 也是直接影响感应电动势大小的因素。

　　因此,通过这个实验我们很容易地归纳总结得出结论:电路中感应电动势的大小跟穿过这一电路的磁通量的变化率成正比。

### 3. 类比法

　　所谓类比法是根据两个或两类对象之间在某些方面有相同或相似的属性,从而推出他们在其他方面也可能具有相同或相似的属性的一种推理方法,它不同于归纳、演绎,它是从特殊到特殊的逻辑推理方法。在物理学的研究和发展中,无论是对单个问题的解决,还是某些新概念的建立,乃至未知领域的探究,都渗透着类比思想与方法。类比法的独特性,使它对科学的发展起到积极推动作用,在物理学研究的发展中占重要的地位,是物理学研究中的一种重要方法。历史上,开普勒、麦克斯韦、爱因斯坦等著名科学家都对类比法作出过很高的评价。

　　在科学观测和实验手段缺乏,理论指导和感性认识不足,归纳推理和演绎推理不适用的情况下,类比法可以充分发挥优势,启发思路,提供线索,指明科学研究的方向,使研究工作少走弯路。例如,1935 年日本物理学家汤川秀树把核力与电磁力相类比,提出了核子通过核力场,由一方放出粒子,另一方吸收粒子而相互作用,并且估算出这种粒子的质量。1947 年,鲍威尔发现了这种粒子的存在,使陷入困境的核力研究又焕发新机。又例如,法国科学家库仑用扭秤测定两带电球间的作用力时,发现两带电球间的作用力的定量关系与牛顿万有引力定律 $F = G\dfrac{Mm}{r^2}$ 的数学关系相似,他大胆地把静电力的定量关系类比于万有引力公式而得出静电力 $F = k\dfrac{Qq}{r^2}$,后来被许多科学实验所证实,于 1785 年确定为库仑定律。再例如,通过比较水流和电流的性质都是从高压区向低压区流动,从而制造出抽水泵。再如,荷兰物理学家惠更斯根据声波的特征,对比光也像声波一样能直线传播,能反射、折射和干扰,推论光的本质也是一种波。

万有引力定律　　　　　库仑定律

$$\boldsymbol{F} = G\,\frac{Mm}{r^2} \qquad\qquad \boldsymbol{F} = k\,\frac{Qq}{r^2}$$

### 4. 归纳法

　　归纳法指从一系列个别现象中分析、判断、概括出具有一般性的概念和规律的方法,它是一种逻辑推理方法。培根认为人类在认识过程中必须从对原因的认识开始,从分析个别事物、现象出发,任何可靠的真理都必须以大量的事实为根据,通过对大量事物的比较,就可能使单一的、个别的东西上升到具有普遍性的结论。例如,从气、液、固的扩散现象,得出一切物体的分子都在做无规则运动的结论。

运用归纳法进行推理时通常可以分三个步骤进行:第一步搜集材料,材料收集得越多越全面,推理的结论更具有普适性;第二步数据整理,整理观察和实验所得到的数据与材料等;第三步分析提炼,通过对材料进行分析,剔除非本质的数据和现象,揭示事物的本质因素及规律。

物理的学习强调数学工具的使用,数学作为基础的工具学科,其思想方法和知识始终渗透贯穿于整个物理学习和研究的过程中,为物理概念定律的表述提供简洁精确的数学语言。在预科物理整个学习过程中,微积分和矢量性的应用贯穿于整个学习,最有代表性的就是牛顿为了解决运动难题发明了微积分,使得物理问题简单化。

# 0.4  预科物理学基本性质与学习

物理学具有哲学的抽象性和概括性,具有高等数学的严密性和逻辑性,具有物理实验的实践性和操作性,学习起来难度大,但是物理学作为自然科学的基础,是一门十分重要的基础学科,预科学生学好预科物理是为将来专业学习其他领域科学知识打好基础。

物理学是人们对自然界中物质的运动和转变的知识做出规律性的总结,这种运动和转变应有两种。一是早期人们通过感官视觉的延伸;二是近代人们通过发明创造供观察测量用的科学仪器,实验得出的结果,间接认识物质内部组成。物理学从研究角度及观点不同,可大致分为宏观与微观两部分:宏观物理学不分析微粒群中的单个作用效果而直接考虑整体效果,是最早期就已经出现的;微观物理学的诞生,起源于宏观物理学无法很好地解释黑体辐射、光电效应、原子光谱等新的实验现象。诺贝尔物理学奖得主、德国科学家玻恩所言:"与其说是因为我发表的工作里包含了一个自然现象的发现,倒不如说是因为那里包含了一个关于自然现象的科学思想方法基础。"物理学之所以被人们公认为一门重要的科学,不仅仅在于它对客观世界的规律作出了深刻的揭示,还因为它在发展、成长的过程中,形成了一整套独特而卓有成效的思想方法体系。

　　大量事实表明,物理思想与方法不仅对物理学本身有价值,而且对整个自然科学,乃至社会科学的发展都有着重要的贡献。有人统计过,自20世纪中叶以来,在诺贝尔化学奖、生理学或医学奖,甚至经济学奖的获奖者中,有一半以上的人具有物理学的背景——这意味着他们从物理学中汲取了智能,转而在非物理领域里获得了成功。反过来,却从未发现有非物理专业出身的科学家问鼎诺贝尔物理学奖的事例,这就是物理智能的力量。

　　预科物理是一门十分重要的基础课程,是科学技术的基础学科和带头学科,预科学生学习物理首先要从思想上克服心理的抗拒和恐惧,认识到它的重要性。对于预科学生,学习好物理学不仅能够增强自身科学素养,可以了解和掌握大自然运行的基本原理和规律,还可以培养自己独立思考和逻辑推理的能力,有助于拓展个人的职业发展宽度。在"3＋1＋2"新高考改革的背景下,高考选修物理后填报个人高考志愿时大学专业覆盖率可达90％以上,有700多个专业需要物理知识作为专业基础,可见在个人职业生涯中学好物理知识的重要性。

　　目前国家开启全面建设社会主义现代化国家新征程,在军事、能源、通信、医学、化工等各方面都需要大量的人才。例如火箭的发射、卫星和导弹的飞行,新概念武器,红外夜视仪和微光夜视仪,激光武器、激光制导、激光雷达、激光通信等,从太空探索,到生活中无不涉及物理学知识,可以说物理与我们的生活密不可分。

　　由于新高考改革,在高中阶段对于物理考核的要求不同,高中学业水平考试只要求学生掌握物理学中的58个知识点,而参加高考选考物理的考核要求是116个高中知识点。部分预科学生只参加了高中物理学业水平考试,所以预科学生需要预科物理课程补齐高中物理的短板;同时,由于大学物理知识的要求比高中阶段更高,难度更深,如果直接学习大学物理知识很容易因为基础知识的不足造成预科学生物理学习困难,容易产生抗拒和厌学的情绪,进而影响物理教学效果。

　　本书在知识点上与高中物理衔接,兼顾大学阶段专业学习需要,知识选择上包括力学、电学、光学等,教学目标既注重预科学生对物理基础知识的学习掌握,又兼顾对大学物理知识的预习;同时,重点培养和引导预科学生独立思考、解决物理问题的思维和方法;努力提高预科学生对物理知识学习的兴趣和科学研究的精神。

# 第一章　初识微积分

物理学与数学有着密不可分的关系。尤其是微积分,广泛应用在物理学中的运动学、动力学、电磁学和热力学等多领域中,为物理学提供了强有力的数学工具。本章我们将一起初步探讨微积分相关知识,包括函数的极限、函数的连续性、导数和微分、不定积分和定积分等。

## 1.1　函数的极限

### 1.1.1　函数极限的定义

下面,我们将探讨当自变量 $x$ 按某种方式变化时,相应函数 $f(x)$ 的函数值的变化趋势。

#### 1. 自变量趋于无穷大时函数的极限

设函数 $f(x)$ 定义在 $[a,+\infty)$ 上,如果在 $x\to+\infty$ 的过程中,对应的函数值无限接近于确定的数值 $A$,那么 $A$ 叫作函数 $f(x)$ 当 $x\to+\infty$ 时的极限。从图 1-1 中可以看出,当自变量 $x\to+\infty$ 时,函数 $f(x)=\dfrac{x}{x+1}$ 趋于 1,这时把 1 叫作 $f(x)$ 当 $x\to+\infty$ 时的极限,记作:

$$\lim_{x\to+\infty}\frac{x}{x+1}=1$$

因此,$x\to+\infty$ 时函数极限的定义是:

**定义**　设函数 $f(x)$ 定义在 $[a,+\infty)$,$A$ 为定数。若对任给的 $\varepsilon>0$(不论它多么小),总存在正数 $M(M\geqslant a)$,若当 $x>M$ 时,有 $|f(x)-A|<\varepsilon$ 成立,则称 $A$ 为 $x\to+\infty$ 时 $f(x)$ 的极限。记作:

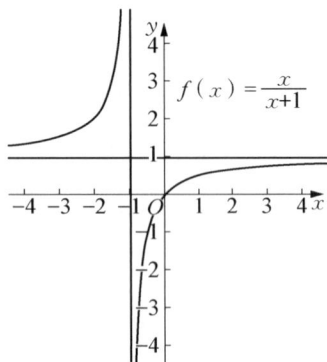

图 1-1　函数的极限

割圆术

$$\lim_{x \to +\infty} f(x) = A \text{ 或 } f(x) \to A(x \to +\infty) \qquad (1-1)$$

可简记作：

$$\lim_{x \to +\infty} f(x) = A \Leftrightarrow \forall \varepsilon > 0, \exists M > 0, \text{ 当 } x > M \text{ 时，有}$$
$|f(x) - A| < \varepsilon$。

设函数 $f(x)$ 定义在 $(-\infty, b]$ 上，如果在 $x \to -\infty$ 的过程中，对应的函数值无限接近于确定的数值 $A$，则称 $A$ 为 $x \to -\infty$ 时 $f(x)$ 的极限，记作：

$$\lim_{x \to -\infty} f(x) = A \text{ 或 } f(x) \to A(x \to -\infty) \qquad (1-2)$$

设函数 $f(x)$ 定义在 $(-\infty, b] \cup [a, +\infty)(b \leqslant a)$ 上，如果在 $x \to \infty$ 的过程中，对应的函数值无限接近于确定的数值 $A$，则称 $A$ 为 $x \to \infty$ 时 $f(x)$ 的极限，记作：

$$\lim_{x \to \infty} f(x) = A \text{ 或 } f(x) \to A(x \to \infty) \qquad (1-3)$$

> 从图 1-1 中可以看出，
> $$\lim_{x \to -\infty} \frac{x}{x+1} = 1 \text{。}$$

**定理 1**

$$\lim_{x \to \infty} f(x) = A \Leftrightarrow \lim_{x \to -\infty} f(x) = \lim_{x \to +\infty} f(x) = A \text{。}$$

#### 2. 自变量趋于有限值时函数的极限

自变量 $x$ 趋于有限值 $x_0$ 时，对应的函数值 $f(x)$ 无限接近于确定的数值 $A$，那么就说 $A$ 是函数 $f(x)$ 当 $x \to x_0$ 时的极限。因此，给出 $x \to x_0$ 时函数极限的定义。

**定义** （函数极限的 $\varepsilon$-$\delta$ 定义）设函数 $f(x)$ 在点 $x_0$ 的某一去心邻域内有定义，$A$ 为常数。若对任给的 $\varepsilon > 0$（不论它多么小），总存在正数 $\delta$，使得适合 $0 < |x - x_0| < \delta$ 的一切所对应的 $f(x)$ 都满足不等式 $H(x)$，则称 $A$ 为 $x \to x_0$ 时 $f(x)$ 的极限，记作：

$$\lim_{x \to x_0} f(x) = A \text{ 或 } f(x) \to A(x \to x_0) \qquad (1-4)$$

定义 2 可简记作：

$$\lim_{x \to x_0} f(x) = A \Leftrightarrow \forall \varepsilon > 0, \exists \delta > 0, \text{ 当 } 0 < |x - x_0| < \delta \text{ 时，有}$$
$|f(x) - A| < \varepsilon$。

**定义** 设函数 $f(x)$ 在点 $x_0$ 的某一去心左（右）邻域内有定义，$A$ 为定数。若对任给的 $\varepsilon > 0$（不论它多么小），总存在正数 $\delta$，使得适合 $x_0 - \delta < x < x_0 (x_0 < x < x_0 + \delta)$ 的一切 $x$，有 $|f(x) - A| < \varepsilon$，则称数 $A$ 为 $x \to x_0^-$（或 $x \to x_0^+$）时 $f(x)$ 的左（右）极限，记作：

$$\lim_{x \to x_0^-} f(x) = A \quad (\lim_{x \to x_0^+} f(x) = A) \tag{1-5}$$

根据函数极限,以及左、右极限的定义,有下面的定理。

**定理 2**

$$\lim_{x \to x_0} f(x) = A \Leftrightarrow \lim_{x \to x_0^-} f(x) = \lim_{x \to x_0^+} f(x) = A。$$

## 1.1.2 函数极限的运算

由于用定义去考察函数的极限难度较大,为了便于计算函数的极限,通常采用四则运算法则、等价替换法等。

**定理 3**

(四则运算法则)设 $\lim\limits_{\substack{x \to x_0 \\ (x \to \infty)}} f(x) = A$,$\lim\limits_{\substack{x \to x_0 \\ (x \to \infty)}} g(x) = B$,则 $x \to$

$x_0 (x \to \infty)$ 时,函数 $f(x) \pm g(x), f(x)g(x)$ 的极限也存在,且有:

(1) $\lim\limits_{\substack{x \to x_0 \\ (x \to \infty)}} [f(x) \pm g(x)] = \lim\limits_{\substack{x \to x_0 \\ (x \to \infty)}} f(x) \pm \lim\limits_{\substack{x \to x_0 \\ (x \to \infty)}} g(x)$;

(2) $\lim\limits_{\substack{x \to x_0 \\ (x \to \infty)}} [f(x)g(x)] = \lim\limits_{\substack{x \to x_0 \\ (x \to \infty)}} f(x) \cdot \lim\limits_{\substack{x \to x_0 \\ (x \to \infty)}} g(x)$;

(3) $\lim\limits_{\substack{x \to x_0 \\ (x \to \infty)}} Cf(x) = C \lim\limits_{\substack{x \to x_0 \\ (x \to \infty)}} f(x) (C \text{ 为常数})$;

(4) $\lim\limits_{\substack{x \to x_0 \\ (x \to \infty)}} \dfrac{f(x)}{g(x)} = \dfrac{\lim\limits_{\substack{x \to x_0 \\ (x \to \infty)}} f(x)}{\lim\limits_{\substack{x \to x_0 \\ (x \to \infty)}} g(x)} (\lim\limits_{x \to x_0} g(x) \neq 0)$。

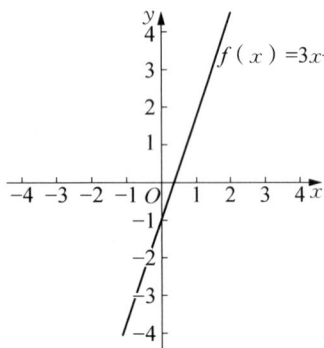

图 1-2 例1

◎**例1**:求极限 $\lim\limits_{x \to 1}(3x - 1)$。

**解**: $\lim\limits_{x \to 1}(3x - 1) = 3\lim\limits_{x \to 1}x - \lim\limits_{x \to 1}1 = 3 - 1 = 2$。

◎**例2**:求极限 $\lim\limits_{x \to 0}\dfrac{x^2 - 1}{2x^2 - x - 1}$。

**解**: $\lim\limits_{x \to 0}\dfrac{x^2 - 1}{2x^2 - x - 1} = \dfrac{\lim\limits_{x \to 0}(x^2 - 1)}{\lim\limits_{x \to 0}(2x^2 - x - 1)} = \dfrac{-1}{-1} = 1$。

**定理 4**

设 $f(x) \sim g(x)(x \to x_0)$,

(1) 若 $\lim\limits_{x \to x_0} f(x)h(x) = A$,则 $\lim\limits_{x \to x_0} g(x)h(x) = A$;

(2) 若 $\lim\limits_{x \to x_0}\dfrac{h(x)}{f(x)} = A$,则 $\lim\limits_{x \to x_0}\dfrac{h(x)}{g(x)} = A$。

由(1)和(2)可知,求两个无穷小之比的极限时,分子、分母都可以用与之等价的无穷小来代替。常见的等价无穷小有:

(1) $\sin x \sim x(x \to 0)$;

(2) $\tan x \sim x(x \to 0)$;

(3) $1 - \cos x \sim \dfrac{1}{2}x^2(x \to 0)$;

(4) $\arctan x \sim x(x \to 0)$;

(5) $\arcsin x \sim x(x \to 0)$。

◎**例 3**:求极限 $\lim\limits_{x \to 0} \dfrac{\sin 2x}{\tan 5x}$。

**解**:∵ $\sin 2x \sim 2x(x \to 0)$,$\tan 5x \sim 5x(x \to 0)$。

∴ $\lim\limits_{x \to 0} \dfrac{\sin 2x}{\tan 5x} = \lim\limits_{x \to 0} \dfrac{2x}{5x} = \dfrac{2}{5}$。

# 1.2　函数的连续性

函数的连续性是函数学中非常重要的概念,它在微积分、实际问题和物理学中都有广泛的应用,从几何图形上看,连续函数在坐标平面上的图像是一条连绵不断的曲线。为了更加深入地认识连续函数,本节将探讨函数的连续性。

**定义**　设函数 $f(x)$ 在某 $U(x_0)$ 上有定义,若 $\lim\limits_{x \to x_0} f(x) = f(x_0)$,则称函数 $f(x)$ 在 $x_0$ 点连续,称点 $x_0$ 为函数 $y = f(x)$ 的连续点。

**定义**　设函数 $y = f(x)$ 在某 $U(x_0)$ 上有定义,且 $x$ 在该邻域内由 $x_0$ 到 $x_0 + \Delta x$,函数 $y = f(x)$ 相应从 $y_0 = f(x_0)$ 变到 $y_0 + \Delta y = f(x_0 + \Delta x) - f(x)$。 如果 $\lim\limits_{\Delta x \to 0} \Delta y = \lim\limits_{\Delta x \to 0}[f(x_0 + \Delta x) - f(x_0)] = 0$,则称 $y = f(x)$ 在点 $x_0$ 处连续,称 $x_0$ 为 $y = f(x)$ 的连续点。

**定义**　设函数 $f(x)$ 在某 $U_+(x_0)$ 或 $U_-(x_0)$ 有定义,若 $\lim\limits_{x \to x_0^+} f(x) = f(x_0)$ 或 $\lim\limits_{x \to x_0^-} f(x) = f(x_0)$,则称 $f(x)$ 在 $x_0$ 点**右或左连续**。

**定理 5**

函数 $f(x)$ 在 $x_0$ 点连续的充分必要条件是 $f(x)$ 在 $x_0$ 点既左连续又右连续。

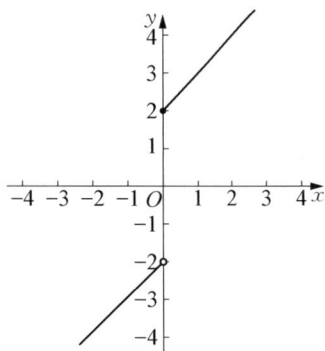

图 1-3 例 4

◎**例 4**：讨论函数 $f(x) = \begin{cases} x+2, & x \geq 0 \\ x-2, & x < 0 \end{cases}$ 在 $x=0$ 的连续性。

**解**：$\because \lim\limits_{x \to 0^+} f(x) = \lim\limits_{x \to 0^+}(x+2) = 2 = f(0)$，

$\lim\limits_{x \to 0^-} f(x) = \lim\limits_{x \to 0^-}(x-2) = -2 \neq f(0)$，

$\therefore f(x)$ 在 $x=0$ 右连续，但不左连续，从而 $f(x)$ 在 $x=0$ 不连续。

若函数 $f(x)$ 在区间 $I$ 上的每一点都连续，则称 $f(x)$ 为 $I$ 上的**连续函数**。

# 1.3　导数与微分

在自然科学中，有很多基本概念与导数相关，例如在运动学中，物体的位移对于时间的导数就是物体的瞬时速度。一个函数在某一点的导数描述了这个函数在这一点附近的变化率，导数的本质是通过极限的概念对函数进行局部的线性逼近。本节将在函数极限思想的基础上引入一元函数的导数和微分的概念，讨论它们的运算法则，同时，本节知识点也为后面学习定积分打下基础。

## 1.3.1　导数的概念

牛顿第一定律

根据牛顿第一运动定律，物体运动具有惯性，不管它的速度变化多么快，在一段充分短的时间内，它的速度变化总是不大的，可以近似看成匀速运动。通常把这种近似代替称为"以匀代不匀"。

设一物体做变速直线运动，其运动的路程是关于时间的函数 $s(t)$，则在 $t_0$ 到 $t$ 这段时间内的平均速度为：

$$\bar{v} = \frac{s(t) - s(t_0)}{t - t_0}$$

可以看出 $t$ 与 $t_0$ 越接近，平均速度 $\bar{v}$ 与 $t_0$ 时刻的瞬时速度越接近，当 $t$ 无限接近 $t_0$ 时，平均速度 $\bar{v}$ 就发生了一个质的飞跃，平均速度转化为物体在 $t_0$ 时刻的瞬时速度，即物体在 $t_0$ 时刻的瞬时速度为：

$$v(t_0) = \lim_{t \to t_0} \frac{s(t) - s(t_0)}{t - t_0}$$

上述问题中,单从数量关系上看,表示函数因变量随自变量变化的快慢程度,即反映了函数的变化率,瞬时速度在数学上可抽象出导数的概念。

**定义**　设函数 $y=f(x)$ 在点 $x=x_0$ 的某邻域内有定义,若极限 $\lim\limits_{x \to x_0} \dfrac{f(x)-f(x_0)}{x-x_0}$ 存在,则称函数 $f(x)$ 在点 $x_0$ 处可导,并称该极限为函数 $f(x)$ 在点 $x_0$ 处的导数,可记为 $f'(x_0)$,$y'|_{x=x_0}$,$\dfrac{\mathrm{d}y}{\mathrm{d}x}\Big|_{x=x_0}$,$\dfrac{\mathrm{d}f}{\mathrm{d}x}\Big|_{x=x_0}$ 等形式。

于是,做直线运动的物体在 $t_0$ 时刻的瞬时速度 $v(t_0)$ 就是其运动的路程函数 $s(t)$ 在 $t=t_0$ 的导数,即

$$v(t_0)=s'(t_0)=\frac{\mathrm{d}s}{\mathrm{d}t}\Big|_{t=t_0}$$

**注 1**:若上述极限不存在,就称 $f(x)$ 在点 $x_0$ 处不可导或导数不存在。

**注 2**:令 $x=x_0+\Delta x$,$\Delta y=f(x_0+\Delta x)-f(x_0)$,则 $\lim\limits_{x \to x_0} \dfrac{f(x)-f(x_0)}{x-x_0}$ 可改写为:

$$f'(x_0)=\lim_{\Delta x \to 0}\frac{\Delta y}{\Delta x}=\lim_{\Delta x \to 0}\frac{f(x_0+\Delta x)-f(x_0)}{\Delta x}$$

所以,导数是函数增量 $\Delta y$ 与自变量增量 $\Delta x$ 之比 $\dfrac{\Delta y}{\Delta x}$ 的极限。

若函数 $f(x)$ 在区间 $I$ 上每一点都可导(对区间端点,仅考虑相应的单侧导数),则称 $f(x)$ 为 $I$ 上的可导函数。此时对每一个 $x \in I$,都有 $f(x)$ 的一个导数 $f'(x)$(或单侧导数)与之对应,这样就定义了一个在 $I$ 上的函数,称为 $f(x)$ 在 $I$ 上的导函数,也简称为导数,记作 $f'(x)$,$y'$,$\dfrac{\mathrm{d}y}{\mathrm{d}x}$,$\dfrac{\mathrm{d}f}{\mathrm{d}x}$ 等。可导与连续具有如下关系:

**定理 6**

若函数 $f(x)$ 在 $x_0$ 处可导,则函数 $f(x)$ 在 $x_0$ 处连续。

定理 6 说明可导仅是连续的充分条件,而不是必要条件,如函数 $y=|x|$ 在 $x=0$ 处连续,但在 $x=0$ 处不可导。

由导数的定义可知,导数是用一个极限式来定义的,而极限有左、右极限之分,故导数也有左导数和右导数的区别。

设函数 $y=f(x)$ 在点 $x_0$ 的某右邻域 $(x_0,x_0+\delta)$ 上有定义,若右极限

$$\lim_{x \to x_0^+}\frac{f(x)-f(x_0)}{x-x_0}$$

$(x_0<x<x_0+\delta)$,或

$$\lim_{\Delta x \to 0^+}\frac{\Delta y}{\Delta x}=$$
$$\lim_{\Delta x \to 0^+}\frac{f(x_0+\Delta x)-f(x_0)}{\Delta x}$$

$(0<\Delta x<\delta)$ 存在,则称该极限值为 $f$ 在点 $x_0$ 的右导数,记作 $f'_+(x_0)$。

类似地,可定义左导数为:

$$f'_-(x_0)=$$
$$\lim_{\Delta x \to 0^-}\frac{f(x_0+\Delta x)-f(x_0)}{\Delta x}$$

## 1.3.2 导数的运算

对于一般函数的导数,用定义来求通常比较烦琐。本节将引入一些求导公式和求导法则,能较简便地求出初等函数的导数。

### 1. 基本初等函数的求导公式

(1) $(C)' = 0$($C$ 为常数);

(2) $(x^a)' = \alpha x^{a-1}$($\alpha$ 为任意常数);

(3) $(\sin x)' = \cos x$,$(\cos x)' = -\sin x$,

$(\tan x)' = \sec^2 x$,$(\cot x)' = -\csc^2 x$,

$(\sec x)' = \sec x \tan x$,$(\csc x)' = -\csc x \cot x$;

(4) $(\arcsin x)' = \dfrac{1}{\sqrt{1-x^2}}$,$(\arccos x)' = -\dfrac{1}{\sqrt{1-x^2}}$,

$(\arctan x)' = \dfrac{1}{1+x^2}$,$(\text{arccot}\, x)' = -\dfrac{1}{1+x^2}$;

(5) $(a^x)' = a^x \ln a$,$(e^x)' = e^x$;

(6) $(\log_a x)' = \dfrac{1}{x \ln a}$,$(\ln x)' = \dfrac{1}{x}$。

### 2. 四则运算求导法则

**定理 7**

设函数 $u = u(x)$,$v = v(x)$ 都在点 $x$ 处具有导数,那么它们的和、差、积和商(除分母为零的点外)都在点 $x$ 处具有导数,且

(1) $[u(x) \pm v(x)]' = u'(x) \pm v'(x)$;

(2) $[u(x)v(x)]' = u'(x)v(x) \pm u(x)v'(x)$;

(3) $\left[\dfrac{u(x)}{v(x)}\right]' = \dfrac{u'(x)v(x) - u(x)v'(x)}{v^2(x)}$ $(v(x) \neq 0)$。

定理 7 中的法则(1)和(2)可推广到任意有限个可导函数的情形,例如:

$$[u(x) \pm v(x) \pm \omega(x)]' = u'(x) \pm v'(x) \pm \omega'(x)$$
$$[u(x)v(x)\omega(x)]' = u'(x)v(x)\omega(x) \pm u(x)v'(x)\omega(x) \pm u(x)v(x)\omega'(x)$$

◎**例 5**:设 $f(x) = x^4 + 2x^2 - 4x + 3$,求 $f'(x)$。

**解**:$f'(x) = (x^4)' + (2x^2)' - (4x)' + (3)' = 4x^3 + 4x - 4$。

◎**例 6**：设 $y = \sin x \ln x$，求 $y'$。

**解**：$y' = (\sin x)' \ln x + \sin x (\ln x)' = \cos x \ln x + \dfrac{\sin x}{x}$。

### 3. 复合函数的求导法则

复合函数的求导方法是初等函数求导不可或缺的工具，下面给出复合函数的求导方法。

**定理 8**

若函数 $u = g(x)$ 在点 $x$ 处可导，而函数 $y = f(u)$ 在相应点 $u(u = g(x))$ 处可导，则复合函数 $y = f[g(x)]$ 在点 $x$ 处可导，且

$$\frac{\mathrm{d}y}{\mathrm{d}x} = \frac{\mathrm{d}y}{\mathrm{d}u} \cdot \frac{\mathrm{d}u}{\mathrm{d}x} \text{ 或 } [f(g(x))]' = f'(u)g'(x)$$

**推论**：设复合函数 $y = f[g[h(x)]]$ 是由三个可导函数 $y = f(u)$，$u = g(v)$，$v = h(x)$ 复合而成，则

$$\frac{\mathrm{d}y}{\mathrm{d}x} = \frac{\mathrm{d}y}{\mathrm{d}u} \cdot \frac{\mathrm{d}u}{\mathrm{d}v} \cdot \frac{\mathrm{d}v}{\mathrm{d}x} = f'(u)g'(v)h'(x) \text{（链式法则）}$$

◎**例 7**：设 $y = \sin x^2$，求 $\dfrac{\mathrm{d}y}{\mathrm{d}x}$。

**解**：将 $y = \sin x^2$ 看作 $y = \sin u$ 和 $u = x^2$ 的复合函数，故

$$\frac{\mathrm{d}y}{\mathrm{d}x} = \frac{\mathrm{d}y}{\mathrm{d}u} \cdot \frac{\mathrm{d}u}{\mathrm{d}x} = \cos u \cdot 2x = 2x \cos x^2$$

◎**例 8**：设 $y = (3x + 8)^3$，求 $\dfrac{\mathrm{d}y}{\mathrm{d}x}$。

**解**：$y = (3x + 8)^3$ 可看作由 $y = u^3$ 和 $u = 3x + 8$ 复合而成，

$$\frac{\mathrm{d}y}{\mathrm{d}x} = \frac{\mathrm{d}y}{\mathrm{d}u} \cdot \frac{\mathrm{d}u}{\mathrm{d}x} = 3u^2 \cdot 3 = 9(3x + 8)^2$$

◎**例 9**：设 $y = \sin 2x$，求 $\dfrac{\mathrm{d}y}{\mathrm{d}x}$。

**解**：$\dfrac{\mathrm{d}y}{\mathrm{d}x} = 2\cos 2x$

## 1.3.3　函数的微分

与导数一样，微分也是非常重要的概念，接下来，我们将介绍函数的微分、微分与导数的关系和微分的运算。

### 1. 微分的概念

下面先看一个实际问题。设有一个边长为 $x$ 的正方形,它的面积 $S=x^2$ 是 $x$ 的一个函数。若它的边长从 $x_0$ 增加到 $x_0+\Delta x$(图1-4),相应的,正方形面积的增量为:

$$\Delta S=(x_0+\Delta x)^2-x_0^2=2x_0\Delta x+(\Delta x)^2$$

当 $\Delta x \to 0$ 时,$(\Delta x)^2$ 是 $\Delta x$ 的高阶无穷小,即 $(\Delta x)^2=o(\Delta x)$。如果用 $\Delta x$ 的线性函数 $2x_0\Delta x$ 作为 $\Delta S$ 的近似值,此时产生的误差(当 $\Delta x \to 0$ 时)是较 $\Delta x$ 高阶的无穷小。为了推广这种近似代替,下面引出函数的微分。

**定义** 设函数 $y=f(x)$ 在点 $x_0$ 的某邻域内有定义,若自变量 $x$ 从 $x_0$ 到 $x_0+\Delta x$,函数增量 $\Delta y=f(x_0+\Delta x)-f(x_0)$ 与自变量增量 $\Delta x$ 有下述关系:

$$\Delta y=A\Delta x+o(\Delta x)$$

其中 $A$ 是与 $\Delta x$ 无关的常数,则称函数 $f(x)$ 在 $x_0$ 可微,$A\Delta x$ 称为函数 $f(x)$ 在 $x_0$ 的微分,记为:

$$\mathrm{d}y=A\Delta x \text{ 或 } \mathrm{d}f(x_0)=A\Delta x$$

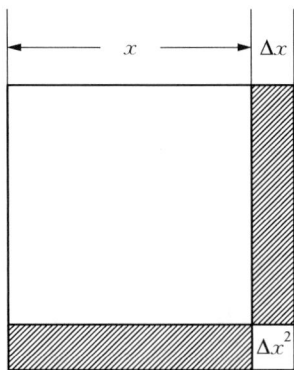

图1-4 正方形

---

**定理9**

函数 $y=f(x)$ 在 $x_0$ 处可微的充分必要条件是函数 $y=f(x)$ 在 $x_0$ 处可导,且当 $f(x)$ 在 $x_0$ 处可微时,其微分一定是 $\mathrm{d}y=f'(x_0)\Delta x$。

若函数 $y=f(x)$ 在区间 $I$ 上每一点都可微,则称 $f$ 为 $I$ 上的可微函数。函数 $y=f(x)$ 在 $I$ 上每一点 $x$ 处的微分记作

$$\mathrm{d}y=f'(x)\Delta x, x\in I$$

特别当 $y=x$ 时,$\mathrm{d}y=\mathrm{d}x=\Delta x$,即自变量的微分 $\mathrm{d}x$ 就等于自变量的增量。于是 $\mathrm{d}y=f'(x)\Delta x$ 可改写为

$$\mathrm{d}y=f'(x)\mathrm{d}x$$

即函数的微分等于函数的导数与自变量的微分的积。

如果把 $\mathrm{d}y=f'(x)\mathrm{d}x$,写成 $f'(x)=\dfrac{\mathrm{d}y}{\mathrm{d}x}$

那么函数的导数就等于函数的微分与自变量的微分的商。因此导数也常称为"微商"。

**2. 基本初等函数的微分公式与微分运算法则**

（1）基本初等函数的微分公式：

① $d(C) = 0 (C 为常数)$。 ② $d(x^\alpha) = \alpha x^{\alpha-1} dx$。

③ $d(\sin x) = \cos x\, dx$。 ④ $d(\cos x) = -\sin x\, dx$。

⑤ $d(\tan x) = \sec^2 x\, dx$。 ⑥ $d(\cot x) = -\csc^2 x\, dx$。

⑦ $d(\sec x) = \sec x \tan x\, dx$。 ⑧ $d(\csc x) = -\csc x \cot x\, dx$。

⑨ $d(\arcsin x) = \dfrac{1}{\sqrt{1-x^2}} dx$。

⑩ $d(\arccos x) = -\dfrac{1}{\sqrt{1-x^2}} dx$。

⑪ $d(\arctan x) = \dfrac{1}{1+x^2} dx$。

⑫ $d(\text{arccot}\, x) = -\dfrac{1}{1+x^2} dx$。

⑬ $d(a^x) = a^x \ln a\, dx$。 ⑭ $d(e^x) = e^x dx$。

⑮ $d(\log_a x) = \dfrac{1}{x \ln a} dx$。 ⑯ $d(\ln x) = \dfrac{1}{x} dx$。

（2）微分运算法则：

① $d[u(x) \pm v(x)] = d[u(x)] \pm d[v(x)]$。

② $d[u(x)v(x)] = v(x)d[u(x)] + u(x)d[v(x)]$。

③ $d\left[\dfrac{u(x)}{v(x)}\right] = \dfrac{v(x)d[u(x)] - u(x)d[v(x)]}{v^2(x)}$。

④ $d\{f[g(x)]\} = f'(u)g'(x)dx$，其中 $u = g(x)$。

◎**例 10**：求 $y = 3x^2 + 4x$ 的微分。

**解**：$dy = (3x^2)' dx + (4x)' dx = 6x\, dx + 4\, dx$。

# 1.4 原函数与不定积分

在上一节,我们讨论了如何求一个函数的导函数问题。本节将讨论它的反问题,即寻求一个可导函数,使它的导函数等于已知函数,这种运算就叫作求原函数,也是积分学的基本问题之一。本节将引入不定积分的概念,讨论其性质以及计算方法。

## 1.4.1　不定积分的概念与性质

### 1. 原函数与不定积分的概念

**定义**　设函数 $f(x)$ 与 $F(x)$ 在区间 $I$ 上有定义。若

$$F'(x)=f(x),\ x\in I$$

则称 $F(x)$ 为 $f(x)$ 在区间 $I$ 上的一个原函数。

例如：$\dfrac{1}{5}x^5$ 是 $x^4$ 在 **R** 上的一个原函数；$\sin x$ 和 $\sin x+1$ 都是 $\cos x$ 在 **R** 上的原函数。

**定理 10**

设 $F(x)$ 是 $f(x)$ 在区间 $I$ 上的一个原函数，则

(1) $F(x)+C$ 也是 $f(x)$ 在 $I$ 上的原函数，其中 $C$ 为任意常量。

(2) $f(x)$ 在 $I$ 上的任何两个原函数之间，只可能相差一个常数。

**注 1**：定理 10 中(1)说明了若 $f(x)$ 存在原函数，则其个数必为无穷多个；(2)揭示了原函数间的关系。

**定义 0**　若 $F(x)$ 是 $f(x)$ 在区间 $I$ 上的一个原函数，则称全体原函数 $F(x)+C$ 为 $f(x)$ 的不定积分，记作 $\displaystyle\int f(x)\mathrm{d}x$，即

$$\int f(x)\mathrm{d}x=F(x)+C$$

其中 $C$ 为任意常量，$\displaystyle\int$ 为积分号，$f(x)$ 为被积函数，$f(x)\mathrm{d}x$ 为被积表达式，$x$ 为积分变量。

◎**例 11**：求不定积分 $\displaystyle\int x^2\mathrm{d}x$。

**解**：因为 $\left(\dfrac{1}{3}x^3\right)'=x^2$，所以 $\displaystyle\int x^2\mathrm{d}x=\dfrac{1}{3}x^3+C$。

◎**例 12**：求不定积分 $\displaystyle\int\dfrac{1}{x}\mathrm{d}x\ (x>0)$。

**解**：$\displaystyle\int\dfrac{1}{x}\mathrm{d}x=\ln x+C$。

求已知函数的不定积分运算，称为**积分运算**。显然，积分运算是微分运算的逆运算。

## 2. 不定积分的性质

**性质 1：**

$$\int [f(x) \pm g(x)] \mathrm{d}x = \int f(x) \mathrm{d}x \pm \int g(x) \mathrm{d}x$$

性质 1 对于有限个函数都是成立的。

**性质 2：**

$$\int k f(x) \mathrm{d}x = k \int f(x) \mathrm{d}x \, (k \text{ 为非零常数})$$

积分运算是微分运算的逆运算，自然地，可以从导数公式得到相应的积分公式。

下面给出基本积分表。

(1) $\int 0 \mathrm{d}x = c$；

(2) $\int 1 \mathrm{d}x = \int \mathrm{d}x = x + c$；

(3) $\int x^{\alpha} \mathrm{d}x = \dfrac{x^{\alpha+1}}{\alpha+1} + c, \, (\alpha \neq -1, \, x > 0)$；

(4) $\int \dfrac{1}{x} \mathrm{d}x = \ln |x| + c, \, (x \neq 0)$；

(5) $\int e^x \mathrm{d}x = e^x + c$；

(6) $\int a^x \mathrm{d}x = \dfrac{a^x}{\ln a} + c, \, (a > 0, \, a \neq 1)$；

(7) $\int \cos ax \, \mathrm{d}x = \dfrac{1}{a} \sin ax + c, \, (a \neq 0)$；

(8) $\int \sin ax \, \mathrm{d}x = -\dfrac{1}{a} \cos ax + c, \, (a \neq 0)$；

(9) $\int \sec^2 x \, \mathrm{d}x = \tan x + c$；

(10) $\int \csc^2 x \, \mathrm{d}x = -\cot x + c$；

(11) $\int \sec x \cdot \tan x \, \mathrm{d}x = \sec x + c$；

(12) $\int \csc x \cdot \cot x \, \mathrm{d}x = -\csc x + c$；

(13) $\int \dfrac{\mathrm{d}x}{\sqrt{1-x^2}} = \arcsin x + c = -\arccos x + c_1$；

(14) $\int \dfrac{\mathrm{d}x}{1+x^2} = \arctan x + c = -\text{arccot} \, x + c_1$。

以上这些基本积分公式是计算不定积分的基础，必须熟记，应用基本积分公式及不定积分的性质可以计算一些简单的不定积分。

◎**例 13**：求下列不定积分：

(1) $\int 2x \, dx$ ； 　　(2) $\int \cos x \, dx$ 。

**解**：(1) $\int 2x \, dx = x^2 + C$ ；

(2) $\int \cos x \, dx = \sin x + C$ 。

检验积分结果是否正确，只要对结果求导，看它的导数是否等于被积函数，相等时结果是正确的，否则结果是错误的。

## 1.4.2　不定积分的计算方法

利用基本积分表与积分的性质，能计算的不定积分是有限的。下面，我们介绍几种不定积分的解法。

### 1."凑"微分法

对于一些不定积分，将积分变量进行一定的变换后就能用基本积分公式求出结果。例如求 $\int e^{2x} \, dx$ 时，在基本积分公式中只有 $\int e^x \, dx = e^x + C$，比较 $\int e^{2x} \, dx$ 和 $\int e^x \, dx$，可以发现，两者只是 $e^x$ 的幂次相差一个常数因子 2，因此，如果凑上该常数因子，使成为

$$\int e^{2x} \, dx = \frac{1}{2} \int e^{2x} \, d(2x)$$

再令 $2x = u$，那么上述积分就变为

$$\frac{1}{2} \int e^{2x} \, d(2x) = \frac{1}{2} \int e^u \, du$$

上式等号右端在基本积分表中可以查到，再将原来的变量 $x$ 代回，即可求得

$$\int e^{2x} \, dx = \frac{1}{2} \int e^{2x} \, d(2x) = \frac{1}{2} \int e^u \, du = \frac{1}{2} e^u + C$$

上述过程用定理叙述如下：

**定理 11**

设 $f(x)$ 具有原函数，$x = \phi(t)$ 可导，则有换元公式

$$\int f(\phi(t)) \phi'(t) \, dt = \left[ \int f(x) \, dx \right]_{x = \phi(t)}$$

在求不定积分时,首先要与基本积分表作对比,看是否可以利用简单的变量变换,把要求的积分转化为基本积分表中的形式,求出以后,再把原来的变量代回。这种方法叫作"凑"微分法,是一种简单的换元积分法。

◎**例 14**:计算不定积分 $\int \sin(2x)\mathrm{d}x$。

**解**:
$$\int \sin(2x)\mathrm{d}x = \frac{1}{2}\int \sin(2x)(2x)'\mathrm{d}x$$
$$= \frac{1}{2}\int \sin(2x)\mathrm{d}(2x)$$
$$= -\frac{1}{2}\cos(2x) + C$$

◎**例 15**:计算不定积分 $\int \sin(x-5)\mathrm{d}x$。

**解**:
$$\int \sin(x-5)\mathrm{d}x = \int \sin(x-5)\mathrm{d}(x-5)$$
$$= -\cos(x-5)。$$

### 2. 换元积分法

"凑"微分法是一种简单的换元积分法,但有些积分并不能很容易地凑出微分。例如求 $\int \dfrac{x+1}{\sqrt{2x+1}}\mathrm{d}x$ 时,凑微分不容易做到,可令 $\sqrt{2x+1}=t$,则 $x=\dfrac{t^2+1}{2}$,$\mathrm{d}x=t\mathrm{d}t$,此时原积分变为

$$\int \frac{x+1}{\sqrt{2x+1}}\mathrm{d}x = \int \frac{\dfrac{t^2+1}{2}+1}{t}t\,\mathrm{d}t$$
$$= \frac{1}{2}\int (t^2+3)\mathrm{d}t$$

上式等号右端容易求得,再把原来的变量 $x$ 代回,就求得不定积分

$$\int \frac{x+1}{\sqrt{2x+1}}\mathrm{d}x = \frac{1}{2}\int (t^2+3)\mathrm{d}t$$
$$= \frac{1}{2}\left(\frac{1}{3}t^3+3t\right) + C$$
$$= \frac{1}{6}(2x+1)^{\frac{3}{2}} + \frac{3}{2}(2x+1)^{\frac{1}{2}} + C$$

上述过程用定理形式叙述如下:

**定理 12**

设 $f(x)$ 连续，$x=\phi(t)$ 和 $\phi'(t)$ 都连续，$x=\phi(t)$ 的反函数 $t=\phi^{-1}(x)$ 存在且连续，并且

$$\int f(\phi(t))\phi'(t)\mathrm{d}t=F(t)+C$$

则 $\int f(x)\mathrm{d}x=F(\phi^{-1}(x))+C_。$

◎**例 16**：计算 $\int\sqrt{a^2-x^2}\,\mathrm{d}x\,(a>0)$。

**解**：令 $x=a\sin t$，$t\in\left(0,\ \dfrac{\pi}{2}\right)$ 则 $t=\arcsin\dfrac{x}{a}$，且 $\mathrm{d}x=a\cos t\,\mathrm{d}t$，

从而

$$\int\sqrt{a^2-x^2}\,\mathrm{d}x=\int a\,|\cos t|\,a\cos t\,\mathrm{d}t$$

$$=a^2\int\cos^2 t\,\mathrm{d}t$$

$$=\frac{a^2}{2}\int(1+\cos 2t)\mathrm{d}t$$

$$=\frac{a^2}{2}\left(t+\frac{1}{2}\sin 2t\right)+C$$

$$=\frac{a^2}{2}t+\frac{a^2}{2}\sin t\cos t+C$$

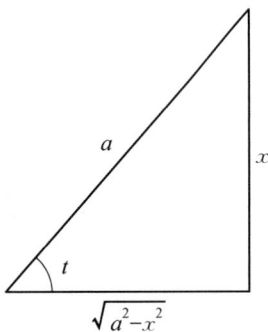

图 1-5　例 16

由图 1-5 知 $\sin t=\dfrac{x}{a}$，$\cos t=\dfrac{\sqrt{a^2-x^2}}{a}$。

所以 $\int\sqrt{a^2-x^2}\,\mathrm{d}x=\dfrac{a^2}{2}\arcsin\dfrac{x}{a}+\dfrac{a^2}{2}\dfrac{x}{a}\dfrac{\sqrt{a^2-x^2}}{a}+c$

$$=\frac{a^2}{2}\arcsin\frac{x}{a}+\frac{x}{2}\sqrt{a^2-x^2}+c$$

### 3. 分部积分法

依据两函数积的求导公式，可以推出分部积分法。

**定理 13**

设 $u(x)$ 与 $v(x)$ 可导，不定积分 $\int u'(x)v(x)\mathrm{d}x$ 存在，则 $\int u(x)v'(x)\mathrm{d}x$ 也存在，并有

$$\int u(x)v'(x)\mathrm{d}x=u(x)v(x)-\int u'(x)v(x)\mathrm{d}x$$

**注 2**：定理 13 中的分部积分公式可简写为 $\int u\,\mathrm{d}v = uv - \int v\,\mathrm{d}u$。

◎**例 17**：求 $\int xe^x\,\mathrm{d}x$。

**解**：
$$\int xe^x\,\mathrm{d}x = \int x\,\mathrm{d}(e^x)$$
$$= xe^x - \int e^x\,\mathrm{d}x$$
$$= xe^x - e^x + C。$$

◎**例 18**：求 $\int x\sin x\,\mathrm{d}x$。

**解**：
$$\int x\sin x\,\mathrm{d}x = -\int x\,\mathrm{d}(\cos x)$$
$$= -\left(x\cos x - \int \cos x\,\mathrm{d}x\right)$$
$$= -(x\cos x - \sin x + C)。$$

## 1.5 定 积 分

本节将从具体实例引出定积分的定义，讨论其性质以及计算方法。

### 1.5.1 定积分的概念与性质

**1. 引例** 求变速直线运动的路程。

设某物体做直线运动，已知速度 $v = v(t)$ 是时间间隔 $[T_a, T_b]$ 上的连续函数，且 $v(t) > 0$，计算在这段时间内物体所经过的路程 $s$。

在中学我们学过，对于匀速直线运动有公式：路程＝速度×时间。但是，在变速直线运动中，速度不是常量，而是随时间变化的变量。由于速度 $v(t)$ 是随时间连续变化的，因此，在很短的一段时间内，速度的变化很小，近似于匀速。具体的计算步骤如下：

（1）分割：在时间间隔 $[T_a, T_b]$ 内任意插 $n-1$ 个分点
$$T_a = t_0 < t_1 < t_2 < \cdots < t_{n-1} < t_n = T_b$$
把 $[T_a, T_b]$ 分成 $n$ 个小时间段 $[t_{i-1}, t_i]$ $(i=1, 2, \cdots, n)$，各小时间段 $[t_{i-1}, t_i]$ 的长度记作 $\Delta t_i$。

（2）近似（代替）：在每个小时间段 $[t_{i-1}, t_i]$ 上任取一点 $\tau_i$，在时间间隔 $\Delta t_i$ 内物体运动的路程 $\Delta s_i$ 的近似值为

$$\Delta s_i \approx v(\tau_i)\Delta t_i \, (i=1, 2, \cdots, n)$$

（3）求和：对各小时间段内运动的路程求和，则物体在时间间隔 $[T_a, T_b]$ 内的运动路程近似为

$$s = \sum_{i=1}^{n} \Delta s_i \approx \sum_{i=1}^{n} v(\tau_i)\Delta t_i$$

取极限：记 $\lambda = \max\{\Delta t_1, \Delta t_2, \cdots, \Delta t_n\}$，当 $\lambda \to 0$ 时，每个小时间段的长度都趋近于 0，这时如果极限 $\lim\limits_{\lambda \to 0} \sum\limits_{i=1}^{n} v(\tau_i)\Delta t_i$ 存在，则称它就是物体在时间间隔 $[T_a, T_b]$ 内运动的路程，即 $S = \lim\limits_{\lambda \to 0} \sum\limits_{i=1}^{n} v(\tau_i)\Delta t_i$。

### 2. 定积分的定义

如果把上述引例中的思想，用于物理上以求变力做功，这类问题也可期望获得解决。下面，我们引出新的概念和推理。

**定义 1** 设函数 $f(x)$ 在 $[a, b]$ 上有界，在 $[a, b]$ 中任意插入 $n-1$ 个分点

$$a = x_0 < x_1 < x_2 < \cdots < x_{n-1} < x_n = b,$$

把区间 $[a, b]$ 分成 $n$ 个小区间 $[x_0, x_1]$，$[x_1, x_2]$，$\cdots$，$[x_{n-1}, x_n]$，各小区间的长依次为 $\Delta x_1 = x_1 - x_0$，$\Delta x_2 = x_2 - x_1$，$\cdots$，$\Delta x_n = x_n - x_{n-1}$。在每个小区间 $[x_{i-1}, x_i]$ 上任取一个点 $\xi_i (x_{i-1} < \xi_i < x_i)$，作函数值 $f(\xi_i)$ 与小区间长度 $\Delta x_i$ 的乘积 $f(\xi_i)\Delta x_i (i=1, 2, \cdots, n)$，并作出和 $S = \sum\limits_{i=1}^{n} f(\xi_i)\Delta x_i$。记 $\lambda = \max\{\Delta x_1, \Delta x_2, \cdots, \Delta x_n\}$，如果不论对 $[a, b]$ 怎样划分，也不论在小区间 $[x_{i-1}, x_i]$ 上点 $x_i$ 怎样取，只要当 $\lambda \to 0$ 时，和 $S$ 总趋于确定的极限 $I$，这时我们称这个极限 $I$ 为函数 $f(x)$ 在区间 $[a, b]$ 上的定积分，记作 $\int_a^b f(x)\mathrm{d}x$，即

$$\int_a^b f(x)\mathrm{d}x = \lim_{\lambda \to 0} \sum_{i=1}^{n} f(\xi_i)\Delta x_i$$

其中 $f(x)$ 叫作被积函数，$f(x)\mathrm{d}x$ 叫作被积表达式，$x$ 叫作积分变量，$a$ 叫作积分下限，$b$ 叫作积分上限，$[a, b]$ 叫作积分区间。

根据定积分的定义，曲边梯形的面积和变速直线运动的路程分别为

$$A = \int_a^b f(x)\mathrm{d}x,\ S = \int_{T_1}^{T_2} v(t)\mathrm{d}t$$

**说明:**定积分的值只与被积函数及积分区间有关,而与积分变量的记法无关,即

$$\int_a^b f(x)\mathrm{d}x = \int_a^b f(t)\mathrm{d}t = \int_a^b f(u)\mathrm{d}u$$

### 3. 定积分的性质

性质在定积分的计算和应用中起着重要作用。为了讨论和计算方便,先对定积分作以下两点补充规定:

(1) 当 $a = b$ 时,$\int_a^a f(x)\mathrm{d}x = 0$;

(2) 当 $a > b$ 时,$\int_a^b f(x)\mathrm{d}x = -\int_b^a f(x)\mathrm{d}x$。

其中(2)式说明,交换定积分的上下限,定积分改变符号。如果不特别指明,各性质中积分上下限的大小,均不加限制,并假定各性质中所列出的定积分都是存在的。

**性质 1:**

$$\int_a^b [f(x) \pm g(x)]\mathrm{d}x = \int_a^b f(x)\mathrm{d}x \pm \int_a^b g(x)\mathrm{d}x。$$

**性质 2:**$\int_a^b kf(x)\mathrm{d}x = k\int_a^b f(x)\mathrm{d}x\,(k$ 为常数)。

**性质 3:**$\int_a^b f(x)\mathrm{d}x = \int_a^c f(x)\mathrm{d}x + \int_c^b f(x)\mathrm{d}x。$

**性质 4:**如果在区间 $[a,b]$ 上 $f(x) \equiv 1$,则

$$\int_a^b 1\mathrm{d}x = \int_a^b \mathrm{d}x = b - a。$$

## 1.5.2　定积分的计算

### 1. 牛顿-莱布尼茨公式

根据微积分基本定理,可以推出如下结论。

**定理 14**

如果函数 $F(x)$ 是连续函数 $f(x)$ 在区间 $[a,b]$ 上的一个原函数,则

$$\int_a^b f(x)\mathrm{d}x = F(b) - F(a)。$$

牛顿-莱布尼茨公式

定理 14 中的公式称为"牛顿-莱布尼茨公式",此公式进一步揭示了定积分与被积函数的原函数或不定积分之间的联系,也称为"微积分基本公式"。

◎**例 19**:计算 $\int_0^1 x^2 \mathrm{d}x$。

**解**:由于 $\frac{1}{3}x^3$ 是 $x^2$ 的一个原函数,所以

$$\int_0^1 x^2 \mathrm{d}x = \left[\frac{1}{3}x^3\right]_0^1 = \frac{1}{3} \cdot 1^3 - \frac{1}{3} \cdot 0^3 = \frac{1}{3}。$$

◎**例 20**:计算 $\int_{-2}^{-1} \frac{1}{x} \mathrm{d}x$。

**解**:$\int_{-2}^{-1} \frac{1}{x} \mathrm{d}x = [\ln|x|]_{-2}^{-1} = \ln 1 - \ln 2 = -\ln 2$。

### 2. 定积分的换元法和分部积分法

定积分的换元法见下面定理。

**定理 15**

假设函数 $f(x)$ 在区间 $[a, b]$ 上连续,函数 $x = \varphi(t)$ 满足条件:

(1) $\varphi(\alpha) = a$,$\varphi(\beta) = b$;

(2) $\varphi(t)$ 在 $[\alpha, \beta]$(或 $[\beta, \alpha]$)上具有连续导数,且其值域等于 $[a, b]$,则有

$$\int_a^b f(x) \mathrm{d}x = \int_\alpha^\beta f[\varphi(t)]\varphi'(t) \mathrm{d}t$$

这个公式叫作定积分的换元公式。

◎**例 21**:计算 $\int_0^4 \frac{x+2}{\sqrt{2x+1}} \mathrm{d}x$。

**解**:$\int_0^4 \frac{x+2}{\sqrt{2x+1}} \mathrm{d}x \xrightarrow{\text{令}\sqrt{2x+1}=t} \int_1^3 \frac{\frac{t^2-1}{2}+2}{t} \cdot t \mathrm{d}t$

$$= \frac{1}{2} \int_1^3 (t^2 + 3) \mathrm{d}t$$

$$= \frac{1}{2} \left[\frac{1}{3}t^3 + 3t\right] \Big|_1^3 = \frac{1}{2} \left[\left(\frac{27}{3}+9\right) - \left(\frac{1}{3}+3\right)\right] = \frac{22}{3}。$$

提示:$x = \frac{t^2-1}{2}$,$\mathrm{d}x = t \mathrm{d}t$;当 $x=0$ 时 $t=1$,当 $x=4$ 时 $t=3$。

应用换元公式时有两点值得注意:(1)用 $x = \varphi(t)$ 把原来变量

$x$ 代换成新变量 $t$ 时,积分限也要换成相应于新变量 $t$ 的积分限;

(2) 求出 $f[\varphi(t)]\varphi'(t)$ 的一个原函数 $\Phi(t)$ 后,不必像计算不定积分那样再要把 $\Phi(t)$ 变换成原来变量 $x$ 的函数,而只要把新变量的上下限分别代入 $\Phi(t)$ 中,然后相减就行了。

---

**定理 16**

设函数 $u(x)$、$v(x)$ 在区间 $[a,b]$ 上具有连续导数 $u'(x)$、$v'(x)$,由 $(uv)'=u'v+uv'$ 得

$u\,v'=(uv)'-u'v$,等式两端在区间 $[a,b]$ 上积分得

$$\int_a^b uv'\mathrm{d}x=[uv]_a^b-\int_a^b u'v\mathrm{d}x,\ 或\int_a^b u\mathrm{d}v=[uv]_a^b-\int_a^b v\mathrm{d}u$$

这就是定积分的**分部积分公式**。

---

◎**例 22**:计算 $\displaystyle\int_0^1 xe^x\mathrm{d}x$。

**解**:令 $u(x)=x$,$v'(x)=e^x$,则

$$\int_0^1 xe^x\mathrm{d}x=[xe^x]_0^1-\int_0^1 e^x\mathrm{d}x=e-[e^x]_0^1=1。$$

## 本章重点知识小结

### 1.1　函数的极限

1. 极限的概念：

$\lim\limits_{x \to x_0} f(x) = A \Leftrightarrow \forall \varepsilon > 0, \exists \delta > 0,$ 当 $0 < |x - x_0| < \delta$ 时, 有 $|f(x) - A| < \varepsilon$。

$\lim\limits_{x \to +\infty} f(x) = A \Leftrightarrow \forall \varepsilon > 0, \exists M > 0,$ 当 $x > M$ 时, 有 $|f(x) - A| < \varepsilon$。

$\lim\limits_{x \to \infty} f(x) = A \Leftrightarrow \lim\limits_{x \to -\infty} f(x) = \lim\limits_{x \to +\infty} f(x) = A$。

$\lim\limits_{x \to x_0} f(x) = A \Leftrightarrow \lim\limits_{x \to x_0^-} f(x) = \lim\limits_{x \to x_0^+} f(x) = A$。

2. 极限的四则运算：

(1) $\lim\limits_{\substack{x \to x_0 \\ (x \to \infty)}} [f(x) \pm g(x)] = \lim\limits_{\substack{x \to x_0 \\ (x \to \infty)}} f(x) \pm \lim\limits_{\substack{x \to x_0 \\ (x \to \infty)}} g(x)$。

(2) $\lim\limits_{\substack{x \to x_0 \\ (x \to \infty)}} [f(x)g(x)] = \lim\limits_{\substack{x \to x_0 \\ (x \to \infty)}} f(x) \cdot \lim\limits_{\substack{x \to x_0 \\ (x \to \infty)}} g(x)$。

特别的, $\lim\limits_{\substack{x \to x_0 \\ (x \to \infty)}} Cf(x) = C \lim\limits_{\substack{x \to x_0 \\ (x \to \infty)}} f(x) (C$ 为常数$)$。

(3) $\lim\limits_{\substack{x \to x_0 \\ (x \to \infty)}} \dfrac{f(x)}{g(x)} = \dfrac{\lim\limits_{\substack{x \to x_0 \\ (x \to \infty)}} f(x)}{\lim\limits_{\substack{x \to x_0 \\ (x \to \infty)}} g(x)} (\lim\limits_{\substack{x \to x_0 \\ (x \to \infty)}} g(x) \neq 0)$。

3. 等价：设 $f(x) \sim g(x) (x \to x_0)$。

(1) 若 $\lim\limits_{x \to x_0} f(x)h(x) = A,$ 则 $\lim\limits_{x \to x_0} g(x)h(x) = A$。

(2) 若 $\lim\limits_{x \to x_0} \dfrac{h(x)}{f(x)} = A,$ 则 $\lim\limits_{x \to x_0} \dfrac{h(x)}{g(x)} = A$。

常见的等价无穷小有：

$\sin x \sim x (x \to 0)$　　　　　　　$\tan x \sim x (x \to 0)$

$1 - \cos x \sim \dfrac{1}{2} x^2 (x \to 0)$　　　$\arctan x \sim x (x \to 0)$

$\arcsin x \sim x (x \to 0)$

### 1.2　函数的连续性

1. 设函数 $f(x)$ 在某 $U(x_0)$ 上有定义, 若

$$\lim\limits_{x \to x_0} f(x) = f(x_0)$$

则称函数 $f(x)$ **在 $x_0$ 点连续**, 称点 $x_0$ 为函数 $y = f(x)$ 的连续点。

2. 函数 $f(x)$ 在 $x_0$ 点连续的充分必要条件为：$f(x)$ 在 $x_0$ 点既左连续又右连续。

## 1.3　导数与微分

1. 基本初等函数的求导公式：

(1) $(C)' = 0$（$C$ 为常数）。

(2) $(x^\alpha)' = \alpha x^{\alpha-1}$（$\alpha$ 为任意常数）。

(3) $(\sin x)' = \cos x$，$(\cos x)' = -\sin x$，

$(\tan x)' = \sec^2 x$，$(\cot x)' = -\csc^2 x$，

$(\sec x)' = \sec x \tan x$，$(\csc x)' = -\csc x \cot x$。

(4) $(\arcsin x)' = \dfrac{1}{\sqrt{1-x^2}}$，$(\arccos x)' = -\dfrac{1}{\sqrt{1-x^2}}$，

$(\arctan x)' = \dfrac{1}{1+x^2}$，$(\text{arccot}\, x)' = -\dfrac{1}{1+x^2}$。

(5) $(a^x)' = a^x \ln a$，$(e^x)' = e^x$。

(6) $(\log_a x)' = \dfrac{1}{x \ln a}$，$(\ln x)' = \dfrac{1}{x}$。

2. 四则运算求导法则：

(1) $[u(x) \pm v(x)]' = u'(x) \pm v'(x)$。

(2) $[u(x)v(x)]' = u'(x)v(x) \pm u(x)v'(x)$。

(3) $\left[\dfrac{u(x)}{v(x)}\right]' = \dfrac{u'(x)v(x) - u(x)v'(x)}{v^2(x)}$（$v(x) \neq 0$）。

3. 微分：函数的微分等于函数的导数与自变量的微分的积：

$$dy = f'(x)dx。$$

4. 基本初等函数的微分公式：

(1) $d(C) = 0$（$C$ 为常数）；　　(2) $d(x^\alpha) = \alpha x^{\alpha-1}dx$；

(3) $d(\sin x) = \cos x\, dx$；　　(4) $d(\cos x) = -\sin x\, dx$；

(5) $d(\tan x) = \sec^2 x\, dx$；　　(6) $d(\cot x) = -\csc^2 x\, dx$；

(7) $d(\sec x) = \sec x \tan x\, dx$；　(8) $d(\csc x) = -\csc x \cot x\, dx$；

(9) $d(\arcsin x) = \dfrac{1}{\sqrt{1-x^2}}dx$；(10) $d(\arccos x) = -\dfrac{1}{\sqrt{1-x^2}}dx$；

(11) $d(\arctan x) = \dfrac{1}{1+x^2}dx$；(12) $d(\text{arccot}\, x) = -\dfrac{1}{1+x^2}dx$；

(13) $d(a^x) = a^x \ln a\, dx$；　　(14) $d(e^x) = e^x dx$；

(15) $d(\log_a x) = \dfrac{1}{x \ln a}dx$；　(16) $d(\ln x) = \dfrac{1}{x}dx$。

5. 微分运算法则：

(1) $d[u(x) \pm v(x)] = d[u(x)] \pm d[v(x)]$；

(2) $d[u(x)v(x)] = v(x)d[u(x)] + u(x)d[v(x)]$；

(3) $\mathrm{d}\left[\dfrac{u(x)}{v(x)}\right]=\dfrac{v(x)\mathrm{d}[u(x)]-u(x)\mathrm{d}[v(x)]}{v^2(x)}$;

(4) $\mathrm{d}\{f[g(x)]\}=f'(u)g'(x)\mathrm{d}x$，其中 $u=g(x)$。

## 1.4　原函数与不定积分

1. $\displaystyle\int f(x)\mathrm{d}x=F(x)+C$。

2. 性质：

(1) $\displaystyle\int[f(x)\pm g(x)]\mathrm{d}x=\int f(x)\mathrm{d}x\pm\int g(x)\mathrm{d}x$;

(2) $\displaystyle\int kf(x)\mathrm{d}x=k\int f(x)\mathrm{d}x$（$k$ 为非零常数）。

3. 基本积分表：

(1) $\displaystyle\int 0\mathrm{d}x=c$;

(2) $\displaystyle\int 1\mathrm{d}x=\int\mathrm{d}x=x+c$;

(3) $\displaystyle\int x^\alpha\mathrm{d}x=\dfrac{x^{\alpha+1}}{\alpha+1}+c$, $(\alpha\neq-1,\ x>0)$;

(4) $\displaystyle\int\dfrac{1}{x}\mathrm{d}x=\ln|x|+c$, $(x\neq 0)$;

(5) $\displaystyle\int e^x\mathrm{d}x=e^x+c$;

(6) $\displaystyle\int a^x\mathrm{d}x=\dfrac{a^x}{\ln a}+c$, $(a>0,\ a\neq 1)$;

(7) $\displaystyle\int\cos ax\,\mathrm{d}x=\dfrac{1}{a}\sin ax+c$, $(a\neq 0)$;

(8) $\displaystyle\int\sin ax\,\mathrm{d}x=-\dfrac{1}{a}\cos ax+c$, $(a\neq 0)$;

(9) $\displaystyle\int\sec^2 x\,\mathrm{d}x=\tan x+c$;

(10) $\displaystyle\int\csc^2 x\,\mathrm{d}x=-\cot x+c$;

(11) $\displaystyle\int\sec x\cdot\tan x\,\mathrm{d}x=\sec x+c$;

(12) $\displaystyle\int\csc x\cdot\cot x\,\mathrm{d}x=-\csc x+c$;

(13) $\displaystyle\int\dfrac{\mathrm{d}x}{\sqrt{1-x^2}}=\arcsin x+c=-\arccos x+c_1$;

(14) $\displaystyle\int\dfrac{\mathrm{d}x}{1+x^2}=\arctan x+c=-\operatorname{arccot}x+c_1$。

4. 分部积分法：

$$\int u(x)v'(x)\mathrm{d}x = u(x)v(x) - \int u'(x)v(x)\mathrm{d}x$$

## 1.5 定积分

1. 性质：

(1) $\displaystyle\int_a^b [f(x) \pm g(x)]\mathrm{d}x = \int_a^b f(x)\mathrm{d}x \pm \int_a^b g(x)\mathrm{d}x$；

(2) $\displaystyle\int_a^b kf(x)\mathrm{d}x = k\int_a^b f(x)\mathrm{d}x\,(k\ 为常数)$；

(3) $\displaystyle\int_a^b f(x)\mathrm{d}x = \int_a^c f(x)\mathrm{d}x + \int_c^b f(x)\mathrm{d}x$。

2. 定积分的计算：

$$\int_a^b f(x)\mathrm{d}x = F(b) - F(a)$$

3. 分部积分法：

$$\int_a^b uv'\mathrm{d}x = [uv]_a^b - \int_a^b u'v\mathrm{d}x\,,或\int_a^b u\mathrm{d}v = [uv]_a^b - \int_a^b v\mathrm{d}u$$

## 练习题

### 一、极限

1. $\lim\limits_{x \to 1} 3x + 2$。

2. $\lim\limits_{x \to -2} \dfrac{2x^3 - x^2 + 1}{x + 1}$。

3. $\lim\limits_{x \to 0} \dfrac{\sin 2x}{\tan 3x}$。

4. $\lim\limits_{x \to 0} \dfrac{2\sin x}{\arctan 3x}$。

5. $\lim\limits_{x \to 0} \dfrac{\sin 3x}{2x^2 + 3x}$。

6. $\lim\limits_{x \to 0} \dfrac{\sin 3x}{x}$。

7. $\lim\limits_{x \to 0} (1 - 2x)^{\frac{1}{x}}$。

### 二、导数与微分

1. 求 $y = x^3 + 2x^2 - 3x + 4$ 的导数。

2. 求 $y = x^3 \ln x$ 的导数。

3. 求 $y = \sin 2x$ 的导数。

4. 求 $y = \sin 3x$ 的导数。

5. 求 $y = \cos 2x$ 的导数。

6. 求 $y = \cos 3x$ 的导数。

7. 求函数 $y = \sin 2x$ 的微分。

8. 求函数 $y = \sin 3x$ 的微分。

9. 求函数 $y = \cos 2x$ 的微分。

10. 求函数 $y = \cos 3x$ 的微分。

11. 求函数 $y = x + 3x^2$ 的微分。

12. 求函数 $y = x^2 \sin x$ 的微分。

### 三、不定积分

1. 求 $\displaystyle\int \dfrac{1}{x^3} \mathrm{d}x$。

2. 求 $\displaystyle\int 2^x e^x \mathrm{d}x$。

3. 求 $\displaystyle\int (x^3 - 3x^2 + 2)\mathrm{d}x$。

4. 求 $\displaystyle\int x e^{x^2}\mathrm{d}x$。

5. 求 $\displaystyle\int \frac{1}{x^2} e^{\frac{1}{x}}\mathrm{d}x$。

6. 求 $\displaystyle\int (2x + 3)^3\mathrm{d}x$。

7. 求 $\displaystyle\int x e^x\mathrm{d}x$。

8. 求 $\displaystyle\int 2x \ln x\,\mathrm{d}x$。

9. 求 $\displaystyle\int x \sin x\,\mathrm{d}x$。

## 四、定积分

1. 求 $\displaystyle\int_0^2 3x^2\mathrm{d}x$。

2. 求 $\displaystyle\int_1^2 x^2\mathrm{d}x$。

3. 求 $\displaystyle\int_1^2 (3x^2 - 2x + 2)\mathrm{d}x$。

4. 求 $\displaystyle\int_1^2 \frac{1}{2x + 1}\mathrm{d}x$。

5. 求 $\displaystyle\int_0^1 \sqrt{1 - x^2}\,\mathrm{d}x$。

6. 求 $\displaystyle\int_0^2 x e^x\mathrm{d}x$。

# 第二章　运　动　学

太阳东升西落、天空云飘雨落，地上人来人往、车流不息，湍急的江水、汹涌的海浪潮汐，都是我们身边可见的运动。而那些看似静止的高楼、车站、书桌、课本，如果从微观深入分析，它们无不都是在运动的。实际上，我们生活的环境是运动不息的宇宙。通常我们把物体的空间位置随时间的变化而变化称为机械运动，它是自然界中最简单、最基本的运动形式。本章我们将一起探讨一些运动学中的基本概念和规律，包括质点、坐标、参考系、位移、速度、加速度、运动方程及其求解等。

## 2.1　运动学基础

### 2.1.1　质点、坐标系、参考系

质点：

质点是指有质量，但不存在体积或形状的点，该点无法再细分。当我们分析物体运动时，如果物体的大小和形状对物体运动不起作用，或者所起的作用并不显著而可以忽略不计时，我们近似地把该物体看作是一个有质量的点，通常这个有质量的点被称为质点。

**1. 质点**

在我们的生活中，运动无处不在，例如，天体的运动、动物的奔跑、汽车的行驶、足球射向球门等，分析这些运动的现象时，怎么样才能更加科学和合理地描述这些运动呢？

例如，当我们在描述地球围绕太阳运动时，由于地球半径（约 $6\,378\ \text{km}$）远小于地球和太阳之间的距离（约 $1.5 \times 10^8\ \text{km}$），我们通常将地球视为一个质点，围绕太阳沿椭圆形的轨道绕行。

又如，百米比赛，作为观众，我们最关注的是运动员从起点到终点的时间，而他的肢体各部分如何运动对我们关注的问题影响可以忽略。我们就可以不考虑人的形状和大小，把运动员抽象地看成一个有质量的点；而作为运动员的教练，他关注更多的则是运动员的摆臂，腿部的动作，即运动员肢体的各部分运动，这时候就不能忽略运动员的形状和大小，故不能把他抽象成质点了。因此，如何描述

物体的运动,有赖于我们研究问题的目的是什么。

**思考与讨论:**

中国空间站(如图 2-1)绕月运动,可以视为是一个质点的运动吗? 如果航天员出舱执行任务,答案是否不同?

### 2. 坐标系

质点在空间中的位置通常可以用向量来表征,如图 2-2 所示,在直线上取一点 $O$ 为坐标原点或位置参考点,则质点 $P$ 在空间中的位置用向量 $\overrightarrow{OP}$ 表示,向量的长度则用数学中绝对值符号表示,如:$\overrightarrow{OP}$ 的长度记为 $|\overrightarrow{OP}|$。

为了定量地描述质点的位置、运动快慢、方向等,需要建立带有标尺的数学坐标,简称坐标系。

一般质点做直线运动时,我们沿运动方向建立一维坐标系。当质点在平面中运动时建立平面直角坐标系。而质点在空间中运动时,通常建立三维坐标系,如图 2-3 所示,图中质点在某时刻位于直角坐标系 $Oxyz$ 中 $P$ 点,可以用一组坐标 $P(x, y, z)$ 表示,也可以用自原点 $O$ 指向 $P$ 点的有向线段 $r$ 表示,即 $r = \overrightarrow{OP}$。 通常在三维直角坐标系中将 $x$ 方向单位矢量记为 $i$,将 $y$ 方向单位矢量记为 $j$,将 $z$ 方向单位矢量记为 $k$。

**思考与讨论:**

为什么 $x$ 坐标轴通常被称为横坐标轴或横坐标?

### 3. 参考系

参考系指研究物体运动时所选的参照物体或不做相对运动的物体系,根据牛顿力学定律可以将参考系分为惯性系和非惯性系两类。在自然界中运动是绝对的,静止是相对的。例如,观察坐在飞机里的乘客,若以飞机为参考系来看,乘客是静止的;若以地面为参考系来看,飞机和乘客都在运动。

参考系的选择是任意的,以观察方便和使运动的描述尽可能简单为原则,需注意同一个运动在不同参考系中的表现形式是不同的。通常情况下,讨论地面上物体的运动时,都默认以地面为参考系。例如,当中国长征系列火箭从地球表面起飞时,宜选择地球做参考系;而当航天器成为绕太阳运动的人造行星时,宜选用太阳做参考系。参考系具有标准性、任意性、统一性和差异性四个特性。

**思考与讨论:**

中国复兴号以 $350\,\text{km/h}$ 的速度行驶,乘务长在车厢内以 $1\,\text{m/s}$

思维启发:在物理学习过程中,突出问题的主要因素,忽略次要因素,建立理想化的物理模型,并将其作为研究对象,是经常采用的一种科学研究方法。

图 2-1 中国空间站

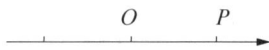

图 2-2 向量表征质点位置

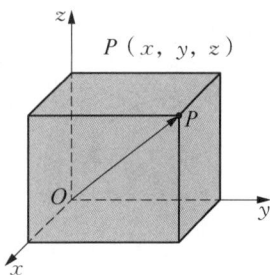

图 2-3 三维坐标系

图 2-4 中国复兴号

的速度相对火车反向行走,见图 2-4。

(1) 复兴号的速度 350 km/h 是以_____为参考系,故描述复兴号的运动时无须专门说明参考系;

(2) 认为人的速度 1 m/s 是以_____为参考系,所以在描述乘务长的运动时需说明参考系。

## 2.1.2 位移 速度 加速度

### 1. 位移

(1) 位置矢量。

位置矢量指用来表示质点位置的有向线段,简称位矢。如图 2-5 所示,建立三维坐标系,$O$ 为坐标原点,$P$ 点为轨迹上的一点,令从原点 $O$ 到 $P$ 点的有向线段为 $\boldsymbol{r}$,则质点在空间中的位置矢量为 $\overrightarrow{OP}$,

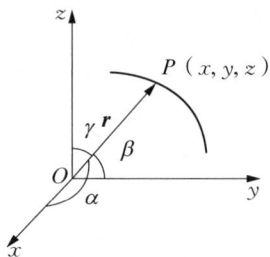

图 2-5 位置矢量

即: $$\boldsymbol{r} = \overrightarrow{OP}$$

坐标表示为:

$$\boldsymbol{r} = x\boldsymbol{i} + y\boldsymbol{j} + z\boldsymbol{k} \tag{2-1}$$

大小为:

$$|\boldsymbol{r}| = \sqrt{x^2 + y^2 + z^2}$$

方向为:

$$\cos\alpha = \frac{x}{|\boldsymbol{r}|}, \cos\beta = \frac{y}{|\boldsymbol{r}|}, \cos\gamma = \frac{z}{|\boldsymbol{r}|}$$

(2) 位移。

位移主要是指质点位置的变化,是矢量,既有大小又有方向。位移大小等于向量的长度,方向则与向量所指的方向一致,单位为米(m),位移也可以用坐标来表示。

以平面运动为例,建立如图 2-6 所示的坐标系,质点沿运动轨迹从 $P_1$ 位置运动到 $P_2$ 位置,对应时刻分别为 $t_1$ 和 $t_2$,位置矢量分别是 $\boldsymbol{r}_1 = \boldsymbol{r}(t_1)$,$\boldsymbol{r}_2 = \boldsymbol{r}(t_2)$

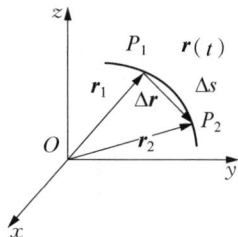

图 2-6 位移

根据数学向量的算法,质点从 $P_1$ 位置运动到 $P_2$ 位置矢量变化为:

$$\overrightarrow{P_1P_2} = \overrightarrow{OP_2} - \overrightarrow{OP_1}$$

$$\Delta\boldsymbol{r} = \boldsymbol{r}_2 - \boldsymbol{r}_1 \tag{2-2}$$

式中 $\Delta \boldsymbol{r}$ 表示在 $\Delta t = t_2 - t_1$ 内，质点位置矢量的变化量，即称为位移。

引入坐标则位移表示为：

$$\begin{aligned}\Delta \boldsymbol{r} &= \boldsymbol{r}_2 - \boldsymbol{r}_1 = (x_2 - x_1)\boldsymbol{i} + (y_2 - y_1)\boldsymbol{j} \\ &= \Delta x\boldsymbol{i} + \Delta y\boldsymbol{j}\end{aligned} \tag{2-3}$$

注意：位移是矢量，其大小 $|\Delta \boldsymbol{r}|$，即为割线 $\overrightarrow{P_1P_2}$ 的长度，方向由初始位置 $P_1$ 点指向末位置 $P_2$ 点的位置。路程 $\Delta s$ 是标量，其大小为曲线 $\widehat{P_1P_2}$ 的长度，只有在 $\Delta t$ 趋近于零时，$\widehat{P_1P_2}$ 可视为与 $|\Delta \boldsymbol{r}|$ 相等。

**思考与讨论：**

$\Delta r = |\boldsymbol{r}_2| - |\boldsymbol{r}_1|$ 的含义是什么？

◎**例 1**：一质点沿 $x$ 轴水平向右运动，出发时间 $t = 0$ s，已知 $t_1 = 5$ s 时，到达最右边 $x_1 = 5$ m；$t_2 = 10$ s 时，刚好回到出发点。令出发点为坐标原点，沿 $x$ 轴正向为正方向，如图 2－7 所示，则：

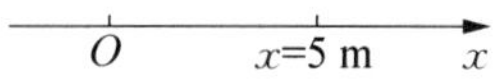

图 2－7

(1) 前 5 s 内的位移是什么？

(2) 后 5 s 内的位移是什么？

(3) 全程的位移是什么？

(4) 全程的路程是多少？

**解**：(1) 已知质点出发点位置为 0 m，终点位置为 5 m，则 $|\boldsymbol{r}_1| = 0$ m，$|\boldsymbol{r}_2| = 5$ m，故 $|\Delta \boldsymbol{r}| = |\boldsymbol{r}_2 - \boldsymbol{r}_1| = 5 - 0 = 5$ m，方向沿 $x$ 轴正向；

(2) 已知质点出发点位置为 5 m，终点位置为 0 m，则 $|\boldsymbol{r}_1| = 5$ m，$|\boldsymbol{r}_2| = 0$ m，故 $|\Delta \boldsymbol{r}| = |\boldsymbol{r}_2 - \boldsymbol{r}_1| = |0 - 5| = 5$(m)，方向沿 $x$ 轴负向；

(3) 已知质点出发点位置为 0 m，终点位置为 0 m，则 $|\boldsymbol{r}_1| = 0$ m，$|\boldsymbol{r}_2| = 0$ m，故 $|\Delta \boldsymbol{r}| = |\boldsymbol{r}_2 - \boldsymbol{r}_1| = 0 - 0 = 0$(m)，方向沿 $x$ 轴正向；

(4) 已知质点前 5 s 路程为 5 m，后 5 s 路程为 5 m，则 $s_1 = 5$ m，$s_2 = 5$ m，故 $\Delta s = s_1 + s_2 = 5 + 5 = 10$(m)。

**2. 速度**

(1) 速率。

质点在 $\Delta t$ 时间内移动的路程为 $\Delta s$，其平均速率为：

$$\bar{v} = \frac{\Delta s}{\Delta t} \tag{2-4}$$

式中 $\Delta s = s_2 - s_1$，$\Delta t = t_2 - t_1$，通常质点在不同时间段内的平均速率不同，平均速率是标量，常用单位是 m/s 或者 km/h 等。

如果时间段 $\Delta t$ 很小，趋近于零，那么质点运动的快慢变化不明显，其 $\Delta s$ 与 $\Delta t$ 的比值为定值。将这种 $\Delta t$ 趋近于零的平均速率 $\overline{v}$ 称为瞬时速率，简称为速率，单位与平均速率的单位相同。

$$v = \lim_{\Delta t \to 0} \overline{v} = \lim_{\Delta t \to 0} \frac{\Delta s}{\Delta t} \qquad (2-5)$$

（2）速度。

初中的定义：把路程与时间之比，叫作速度，即 $v = \dfrac{s}{t}$。

高中的定义：速度等于位移和发生位移所用时间的比值，即 $v = \dfrac{\Delta \mathbf{r}}{\Delta t}$。

速度是描述质点运动快慢和方向的物理量，等于位移对时间的微分，同时也等于加速度对时间的积分，国际单位制中速度的单位是米/秒（m/s）。

① 平均速度。

如图 2-8 所示，在 $t$ 时刻质点位于 $P_1$，位置矢量为 $\mathbf{r}_1$；在 $t + \Delta t$ 时刻，质点位于 $P_2$，位置矢量为 $\mathbf{r}_2$；故在 $\Delta t$ 时间段内，质点的平均速度为：

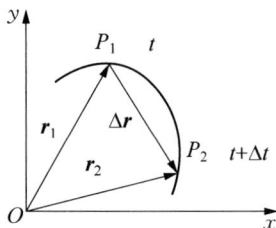

图 2-8

$$\overline{\mathbf{v}} = \frac{\Delta \mathbf{r}}{\Delta t} = \frac{\mathbf{r}_2 - \mathbf{r}_1}{\Delta t} \qquad (2-6)$$

或：

$$\overline{\mathbf{v}} = \frac{\Delta \mathbf{r}}{\Delta t} = \frac{\Delta x}{\Delta t}\mathbf{i} + \frac{\Delta y}{\Delta t}\mathbf{j} + \frac{\Delta z}{\Delta t}\mathbf{k} \qquad (2-7)$$

则：

$$\overline{\mathbf{v}} = \overline{v_x}\mathbf{i} + \overline{v_y}\mathbf{j} + \overline{v_z}\mathbf{k}$$

因此，我们将质点位移 $\Delta \mathbf{r}$ 与所用时间段 $\Delta t$ 的比值称为平均速度。平均速度是矢量，大小等于 $|\overline{\mathbf{v}}|$，方向与位移方向相同。

② 瞬时速度。

与瞬时速率定义式相似，当时间段 $\Delta t$ 趋近于零，应得平均速度 $\overline{\mathbf{v}}$ 视为 $t$ 时刻的瞬时速度（$\mathbf{v}$）。

$$\mathbf{v} = \lim_{\Delta t \to 0} \frac{\Delta \mathbf{r}}{\Delta t} = \frac{\mathrm{d}\mathbf{r}}{\mathrm{d}t} \qquad (2-8)$$

或：

$$v = \frac{\mathrm{d}\boldsymbol{r}}{\mathrm{d}t} = \frac{\mathrm{d}x}{\mathrm{d}t}\boldsymbol{i} + \frac{\mathrm{d}y}{\mathrm{d}t}\boldsymbol{j} + \frac{\mathrm{d}z}{\mathrm{d}t}\boldsymbol{k} \qquad (2-9)$$

有：
$$\boldsymbol{v} = \boldsymbol{v}_x + \boldsymbol{v}_y + \boldsymbol{v}_z = v_x\boldsymbol{i} + v_y\boldsymbol{j} + v_z\boldsymbol{k}$$

瞬时速度简称为速度,是位置矢量的一阶导数。单位与速率相同,瞬时速度的绝对值等于瞬时速率,即 $|\boldsymbol{v}| = v$。

**思考与讨论：**

什么是中国速度,什么是贵州加速度?

### 3. 加速度

在物体随时间变化的运动过程中,位置变化及方向可以用位移表征,位置变化的快慢及方向可以用速度表征,同理,在描述速度变化的快慢及方向时,可以采用平均速度和瞬时速度的推演方式,定义平均加速度和瞬时加速度。

(1) 平均加速度。

如图 2-9 所示：$t$ 时刻质点位于 $P_1$,速度为 $\boldsymbol{v}_1$,方向沿曲线切线方向；在 $t + \Delta t$ 时刻,质点位于 $P_2$,速度为 $\boldsymbol{v}_2$,方向沿曲线切线方向；故在 $\Delta t$ 时间段内,质点的平均加速度为：

$$\overline{a} = \frac{\Delta \boldsymbol{v}}{\Delta t} = \frac{\boldsymbol{v}_2 - \boldsymbol{v}_1}{\Delta t} \qquad (2-10)$$

或：

$$\overline{a} = \frac{\Delta \boldsymbol{v}}{\Delta t} = \frac{\Delta \boldsymbol{v}_x}{\Delta t} + \frac{\Delta \boldsymbol{v}_y}{\Delta t} + \frac{\Delta \boldsymbol{v}_z}{\Delta t} \qquad (2-11)$$

平均加速度是 $\Delta \boldsymbol{v}$ 与 $\Delta t$ 的比值,是矢量,大小等于 $|\overline{a}|$,正、负代表速度变化的方向,国际单位制中加速度的单位是米/秒² (m/s²)。

(2) 瞬时加速度。

瞬时加速度主要用于表征某时刻质点速度变化的情况,即 $\Delta t$ 趋近于零时有：

$$\boldsymbol{a} = \lim_{\Delta t \to 0} \frac{\Delta \boldsymbol{v}}{\Delta t} = \frac{\mathrm{d}\boldsymbol{v}}{\mathrm{d}t} \qquad (2-12)$$

或：

$$\boldsymbol{a} = \frac{\mathrm{d}\boldsymbol{v}}{\mathrm{d}t} = \frac{\mathrm{d}\boldsymbol{v}_x}{\mathrm{d}t} + \frac{\mathrm{d}\boldsymbol{v}_y}{\mathrm{d}t} + \frac{\mathrm{d}\boldsymbol{v}_z}{\mathrm{d}t}$$
$$= \frac{\mathrm{d}v_x}{\mathrm{d}t}\boldsymbol{i} + \frac{\mathrm{d}v_y}{\mathrm{d}t}\boldsymbol{j} + \frac{\mathrm{d}v_z}{\mathrm{d}t}\boldsymbol{k} \qquad (2-13)$$

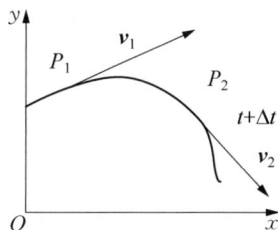

(1)

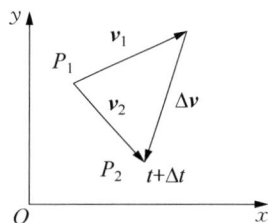

(2)

图 2-9

有：$a = a_x + a_y + a_z = a_x i + a_y j + a_z k$

瞬时加速度简称加速度，是 $\Delta t$ 趋近于零时平均加速度的极限值，是速度的一阶导数，也是位置矢量的二阶导数。同时，加速度也是矢量，大小等于 $|a|$，正、负代表速度变化的方向，国际单位制中加速度的单位是米/秒$^2$（m/s$^2$）。

◎**例 2**：已知质点的位置矢量 $r = 2t^2 + 5$，单位为 m，s。求：

(1) $t = 0$ s 到 $t = 1$ s 的位移；

(2) 1 s 末的速度；

(3) 1 s 末的加速度。

**解**：(1) ∵ $r = 2t^2 + 5$

∴ $t = 0$ s，$r_0 = 2t^2 + 5 = 2 \times 0^2 + 5 = 5$（m）

$t = 1$ s，$r_1 = 2t^2 + 5 = 2 \times 1^2 + 5 = 7$（m）

$\Delta r = r_1 - r_0 = 7 - 5 = 2$ m

(2) ∵ $v = \dfrac{dr}{dt} = \dfrac{d(2t^2 + 5)}{dt} = 4t$ m/s

∴ $t = 1$ s，$v_1 = 4t = 4 \times 1 = 4$ m/s

(3) $a = \dfrac{dv}{dt} = \dfrac{d(4t)}{dt} = 4$（m/s$^2$）

**思考与讨论：**

如果质点的位置矢量是 $r = -2t^2 + 5$，那么其 1 s 末的速度和加速度是什么？

# 2.2　常见的运动

## 2.2.1　直线运动

质点运动轨迹是一条直线的运动，叫作直线运动。按其受力的不同可分为匀速直线运动、匀变速直线运动、变速直线运动三类。其中匀变速直线运动又可以分为匀加速或匀减速直线运动，以及自由落体运动，竖直上、下抛运动等。

当物体做直线运动时，位移、速度和加速度都在一条直线上，若 $|a| = 0$ 时，叫作匀速直线运动；若 $|a| = C$，$C$ 是常数，叫作匀变速直线运动；若 $a = a(t)$ 时，叫作变速直线运动。

### 1. 匀速直线运动

匀速直线运动是最简单的机械运动,是指运动速度不变、轨迹沿着一条直线的运动,是一种理想状态。即有:

令 $t = t_0$, $x = x_0$;

$\because v = \dfrac{\mathrm{d}x}{\mathrm{d}t}$

$\therefore \displaystyle\int_{x_0}^{x} \mathrm{d}x = \int_{t_0}^{t} v \mathrm{d}t$

$\therefore \qquad\qquad x = x_0 + v(t - t_0) \qquad\qquad (2\text{-}14)$

质点做匀速直线运动时,若 $t_0 = 0\,\mathrm{s}$, $x_0 = 0\,\mathrm{m}$,则有:

$$v = v_0$$

$$x = vt$$

上式即为初中匀速直线运动中,路程的计算法则,速度与初速度相同,其大小和方向不变,位移 $x$ 和路程 $s$ 相等。

**思考与讨论:**

绘制 $s$-$t$ 图和 $v$-$t$ 图表达匀速直线运动。

### 2. 匀变速直线运动

匀变速直线运动指速度均匀变化的直线运动,是最简单的变速运动形式。在匀变速直线运动中,如果物体的速度随着时间均匀增加,叫作匀加速直线运动;如果物体的速度随着时间均匀减小,叫作匀减速直线运动。

令 $t = t_0$, $v = v_0$, $x = x_0$, $a = c$。

$\because a = \dfrac{\mathrm{d}v}{\mathrm{d}t}$;

$\therefore \displaystyle\int_{v_0}^{v} \mathrm{d}v = \int_{t_0}^{t} a \mathrm{d}t$;

$\therefore \qquad\qquad v = v_0 + a(t - t_0) \qquad\qquad (2\text{-}15)$

又 $\because v = \dfrac{\mathrm{d}x}{\mathrm{d}t}$;

$\therefore \displaystyle\int_{x_0}^{x} \mathrm{d}x = \int_{t_0}^{t} \left[ v_0 + a(t - t_0) \right] \mathrm{d}t$;

$\therefore \qquad\quad x = x_0 + v_0(t - t_0) + \dfrac{1}{2}a(t - t_0)^2 \qquad (2\text{-}16)$

质点做匀变速直线运动时有:若 $t_0 = 0\,\mathrm{s}$, $v = v_0$, $x_0 = 0\,\mathrm{m}$,则有:

$$v = v_0 + at$$

$$x = v_0 t + \frac{1}{2} a t^2$$

$$v^2 - v_0^2 = 2a \cdot x$$

上式即为高中匀变速直线运动中，速度和位移的计算法则。当加速度 $a$ 与运动方向一致时，匀加；当加速度 $a$ 与运动方向相反时，匀减。当 $a = 0$ 时，即匀速直线运动也可以理解为一种特殊的匀变速直线运动。

**思考与讨论：**

绘制 $x\text{-}t$ 图和 $v\text{-}t$ 图表达匀变速直线运动。

### 3. 变速直线运动

质点做变加速直线运动，加速度是因变量时，例如，假设加速度与位移有关，即 $a = a(x)i$，则须对加速度计算公式进行变量转换，以便计算，如下：

$$a = \frac{\mathrm{d}v}{\mathrm{d}t} = \frac{\mathrm{d}v}{\mathrm{d}x} \times \frac{\mathrm{d}x}{\mathrm{d}t} = v \times \frac{\mathrm{d}v}{\mathrm{d}x}$$

移项得 
$$a\mathrm{d}x = v\mathrm{d}v$$

位移从零开始，两边同时积分

$$\int_0^x a\,\mathrm{d}x = \int_{v_0}^v v\,\mathrm{d}v$$

$$ax = \frac{1}{2}(v^2 - v_0^2)$$

与匀变速直线运动计算结果相同，即匀变速直线运动可视为特殊的变速直线运动。

## 2.2.2 抛体运动

抛体运动在自然界中处处可见，壮丽的黄果树瀑布、喷泉等。抛体运动是指将质点以某一不为零的速度向空中抛出，仅在重力作用下质点所做的运动。抛体运动常见的有竖直上（下）抛运动、平抛运动和斜（上、下）抛运动。分析抛体运动时，我们通常建立平面坐标系，将抛体运动分解成两个相互垂直的直线运动。

抛体运动是理想化的一种运动形式，把物体看成质点，抛出后只受到重力作用，空气阻力忽略不计。因此，抛体运动是匀变速运动，加速度为重力加速度 $g$，并且速度变化的方向始终是竖直向下的。如果初速度的方向和重力方向在同一条直线上，物体将做匀变速直线

铅球

运动,加速度大小为 $g$;如果速度的方向和重力的方向不在同一条直线上,物体将做匀变速曲线运动,物体加速度的大小也为 $g$。

### 1. 竖直上(下)抛运动

如图 2-10(1)所示,质点以初速度 $\boldsymbol{v}_0$($|\boldsymbol{v}_0|\neq 0\,\mathrm{m/s}$)竖直上抛时,质点做匀变速运动,加速度为 $-\boldsymbol{g}$,其运动速度逐渐减小。规定 $y$ 轴正方向竖直向上。假设质点从 $x=0$ 出发,沿 $y$ 轴正向运动,则竖直上抛运动的计算法则如下:

$$\boldsymbol{v}_t=\boldsymbol{v}_0+(-\boldsymbol{g})t \qquad (2-17)$$

$$\boldsymbol{y}=\boldsymbol{v}_0 t+\frac{1}{2}(-\boldsymbol{g})t^2 \qquad (2-18)$$

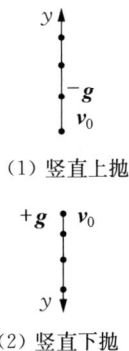

(1) 竖直上抛

(2) 竖直下抛

**图 2-10**

如图 2-10(2)所示,与竖直上抛时相似,质点以初速度 $\boldsymbol{v}_0$($|\boldsymbol{v}_0|\neq 0\,\mathrm{m/s}$)竖直下抛时,质点做匀变速运动,加速度为 $+\boldsymbol{g}$,其运动速度逐渐加大。计算法则如下:

$$\boldsymbol{v}_t=\boldsymbol{v}_0+(+\boldsymbol{g})t \qquad (2-19)$$

$$\boldsymbol{y}=\boldsymbol{v}_0 t+\frac{1}{2}(+\boldsymbol{g})t^2 \qquad (2-20)$$

特例:若 $\boldsymbol{v}_0=0\,\mathrm{m/s}$,则:

$$\boldsymbol{v}_t=\boldsymbol{g}t$$

$$\boldsymbol{y}=\frac{1}{2}\boldsymbol{g}t^2$$

称为自由落体运动。自由落体运动是指物体在运动过程中只受到地球引力作用,下落时空气的阻力等其他力都忽略不计,从赤道到南北极重力加速度

$$|\boldsymbol{g}|\in(9.78\sim 9.83)\,\mathrm{m/s}^2,$$

$$\text{通常取}\ |\boldsymbol{g}|=9.8\,\mathrm{m/s}^2\ \text{或}\ 10\,\mathrm{m/s}^2。$$

### 2. 平抛运动

当 $t=0\,\mathrm{s}$,以水平初速度 $\boldsymbol{v}_0\,\mathrm{m/s}$ 水平抛出质点,如图 2-11 所示,则质点在水平方向上做匀速运动,在竖直方向上做匀加速直线运动,加速度为 $\boldsymbol{g}$,运动方向为正方向,则有:

$x$ 方向:

$$\boldsymbol{v}_x=\boldsymbol{v}_0$$

$$\Delta\boldsymbol{x}=\boldsymbol{v}_0 t$$

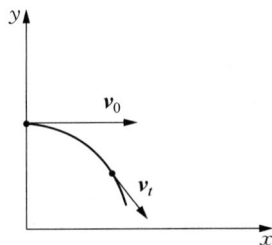

**图 2-11 平抛运动**

$y$ 方向：

$$\boldsymbol{v}_y = \boldsymbol{g}t$$

$$\Delta \boldsymbol{y} = \frac{1}{2}\boldsymbol{g}t^2$$

所以：

$$|\boldsymbol{v}_t| = \sqrt{\boldsymbol{v}_x^2 + \boldsymbol{v}_y^2}$$

$$= \sqrt{(\boldsymbol{v}_0)^2 + (\boldsymbol{g}t)^2}$$

**思考与讨论：**

将弓箭和子弹同时水平射出，弓箭和子弹是否同时落地。

### 3. 斜上(下)抛运动

在 0 时刻，质点以夹角 $\theta_0$、初速度 $\boldsymbol{v}_0$ 斜向上抛出，如图 2 - 12
(1)所示，将运动分解到水平 $x$ 和竖直 $y$ 两个方向，分别做匀速和匀
加速运动，加速度为 $-\boldsymbol{g}$，则：

$x$ 方向：

$$\boldsymbol{v}_x = \boldsymbol{v}_0 \cos\theta_0$$

$$\Delta \boldsymbol{x} = (\boldsymbol{v}_0 \cos\theta_0)t$$

$y$ 方向：

$$\boldsymbol{v}_y = \boldsymbol{v}_0 \sin\theta_0$$

$$\Delta \boldsymbol{y} = (\boldsymbol{v}_0 \sin\theta_0)t + \frac{1}{2}(-\boldsymbol{g})t^2$$

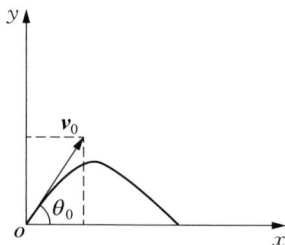

如图 2 - 12(2)所示，与斜上抛时相似，质点以初速度 $\boldsymbol{v}_0$ 斜下抛
时，质点水平方向也做匀速运动，在竖直方向做匀变速运动，加速度
为 $+\boldsymbol{g}$，则：

$x$ 方向：

$$\boldsymbol{v}_x = \boldsymbol{v}_0 \sin\theta_0$$

$$\Delta \boldsymbol{x} = (\boldsymbol{v}_0 \sin\theta_0)t$$

$y$ 方向：

$$\boldsymbol{v}_y = \boldsymbol{v}_0 \cos\theta_0$$

$$\Delta \boldsymbol{y} = (\boldsymbol{v}_0 \cos\theta_0)t + \frac{1}{2}(+\boldsymbol{g})t^2$$

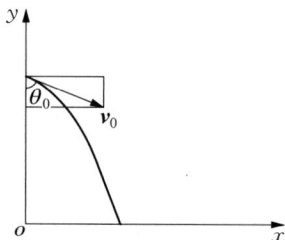

（1）

（2）

**图 2 - 12　斜上(下)抛运动**

**思考与讨论：**

两个质量不同的物体，以相同的速度和角度斜抛出，不计空气
阻力，则质量较小的物体是否抛得更远。

### 2.2.3 圆周运动

#### 1. 自然坐标系

自然坐标系是沿质点的运动轨迹建立的坐标系,以轨迹上任一点为坐标原点,坐标轴的方向分别取切线和法线两个正交方向。如图 2-13 所示,通常规定沿质点运动方向的切线为正向,符号 $\tau$,单位向量 $e_\tau$;沿质点运动轨迹法向凹侧为正向,符号 n,单位向量 $e_n$。

质点运动时,如果只有切向加速度,没有法向加速度,则加速度不改变运动方向,而只改变速度的大小,是变速直线运动;反之,如果只有法向加速度,没有切向加速度,则速度只改变方向而不改变大小,是匀速曲线运动。

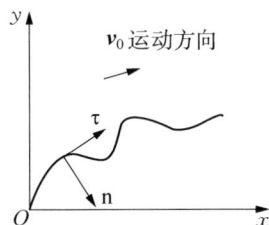

图 2-13 自然坐标系

#### 2. 圆周运动的速度、加速度

圆周运动分为匀速圆周运动和变速圆周运动,例如电动机转子、车轮、皮带轮等都做圆周运动。假设圆周运动轨迹是关于时间的函数,即 $s = s(t)$,根据瞬时速度计算式 2-8,则速度为:

$$v = \frac{\mathrm{d}s}{\mathrm{d}t} = v_\tau = v e_\tau \tag{2-21}$$

加速度为

$$a = \frac{\mathrm{d}v}{\mathrm{d}t} = \frac{\mathrm{d}(v e_\tau)}{\mathrm{d}t} = \frac{\mathrm{d}v}{\mathrm{d}t} e_\tau + v \frac{\mathrm{d}e_\tau}{\mathrm{d}t} \tag{2-22}$$

上式说明圆周运动的加速度由两部分组成,其中 $\frac{\mathrm{d}v}{\mathrm{d}t} e_\tau$ 是速度大小随时间变化导致的加速度分量,称为切向加速度 $a_\tau(a_t)$;$v \frac{\mathrm{d}e_\tau}{\mathrm{d}t}$ 是速度方向变化导致的加速度分量,称为法向加速度 $a_n(a_n)$。

切向加速度表征质点圆周运动时速度大小变化快慢,是线速度 $v_t$ 关于时间 $t$ 的一阶导数,即

$$a_t = \frac{\mathrm{d}v}{\mathrm{d}t} e_\tau = \frac{\mathrm{d}v_t}{\mathrm{d}t} \tag{2-23}$$

法向加速度表征质点圆周运动时速度方向变化快慢,在圆周运动中引入角度 $\theta$,如图 2-14 所示,$\mathrm{d}e_\tau$ 的方向垂直于 $e_\tau$ 并指向圆心 $O$,与 $e_n$ 的方向相一致,又因为单位矢量 $e_\tau$ 的长度为1,则:

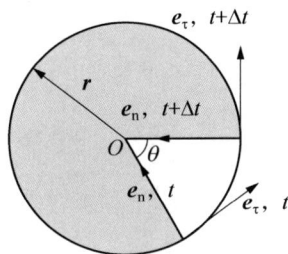

$$|\mathrm{d}e_\tau| = |e_\tau| \mathrm{d}\theta = \mathrm{d}\theta$$

图 2-14 圆周运动

$$a_n = v\frac{\mathrm{d}e_\tau}{\mathrm{d}t} = v\frac{\mathrm{d}\theta}{\mathrm{d}t}e_n = v\frac{r}{r}\frac{\mathrm{d}\theta}{\mathrm{d}t}e_n = \frac{v}{r}\frac{\mathrm{d}(r\theta)}{\mathrm{d}t}e_n$$

弧长 $s = r\theta$，代入有

$$a_n = \frac{v}{r}\frac{\mathrm{d}s}{\mathrm{d}t}e_n = \frac{v^2}{r}e_n \qquad (2-24)$$

所以圆周运动的总加速度为：

$$a = a_t + a_n$$
$$= \frac{\mathrm{d}v}{\mathrm{d}t}e_\tau + \frac{v^2}{r}e_n \qquad (2-25)$$

圆周运动加速度大小为：

$$a = \sqrt{a_\tau^2 + a_n^2} = \sqrt{\left(\frac{\mathrm{d}v}{\mathrm{d}t}\right)^2 + \left(\frac{v^2}{r}\right)^2}$$

方向：

$$\tan\theta = \frac{a_n}{a_\tau}$$

### 3. 圆周运动角量的表示

质点做圆周运动时，通常也用角位置、角位移、角速度、角加速度等角量表示。如图 2-15 所示，质点 $t$ 时刻出发，沿半径 $r$ 逆时针做圆周运动到 $t + \Delta t$ 位置，质点运动弧长 $\Delta s$，转过角度 $\Delta\theta$。其中 $\theta$ 称为角位置，单位是弧度（rad）；$\Delta\theta$ 称为角位移，规定：逆时针转向 $\Delta\theta$ 为正，顺时针转向 $\Delta\theta$ 为负。

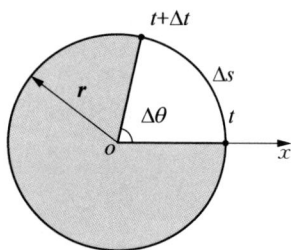

图 2-15 圆周运动

（1）角速度。

与速度相似，在 $t$ 到 $t + \Delta t$ 时间内，平均角速度为：

$$\bar{\omega} = \frac{\Delta\theta}{\Delta t}$$

瞬时角速度（角速度）$\omega$ 为：

$$\omega = \lim_{\Delta t \to 0}\frac{\Delta\theta}{\Delta t} = \frac{\mathrm{d}\theta}{\mathrm{d}t} \qquad (2-26)$$

单位：弧度/秒（rad/s）。

（2）角加速度。

同理，在 $t$ 到 $t + \Delta t$ 时间内，平均角加速度为：

$$\bar{\alpha} = \frac{\Delta\omega}{\Delta t}$$

瞬时角加速度（角加速度）$\alpha$ 为：

$$\boldsymbol{\alpha} = \lim_{\Delta t \to 0} \frac{\Delta \boldsymbol{\omega}}{\Delta t} = \frac{\mathrm{d}\boldsymbol{\omega}}{\mathrm{d}t} \tag{2-27}$$

单位为:弧度/秒²(rad/s²)。

（3）线量和角速度关系。

在 $t$ 到 $t + \Delta t$ 时间内,圆周运动的轨迹为 $s = s(t)$,角度差为 $\Delta \boldsymbol{\theta}$

根据速度计算公式 $v = \dfrac{\mathrm{d}s}{\mathrm{d}t}$, $s = r\Delta \boldsymbol{\theta}$,

则有:

$$\boldsymbol{v} = \frac{\mathrm{d}s}{\mathrm{d}t} = \frac{\mathrm{d}(r\boldsymbol{\theta})}{\mathrm{d}t} = r\frac{\mathrm{d}\boldsymbol{\theta}}{\mathrm{d}t} = r\boldsymbol{\omega} \tag{2-28}$$

同理:

$$\boldsymbol{a}_{\tau} = \frac{\mathrm{d}\boldsymbol{v}}{\mathrm{d}t} = \frac{\mathrm{d}(r\boldsymbol{\omega})}{\mathrm{d}t} = r\frac{\mathrm{d}\boldsymbol{\omega}}{\mathrm{d}t} = r\boldsymbol{\alpha} \tag{2-29}$$

$$|\boldsymbol{a}_{\mathrm{n}}| = \frac{\boldsymbol{v}^2}{r} = \frac{(r\boldsymbol{\omega})^2}{r} = r\boldsymbol{\omega}^2 \tag{2-30}$$

质点在圆周运动中,考虑其周期性 $T$,抑或是每秒钟绕过的频率 $f$,所以将每秒钟绕 $f$ 周转变成每秒钟绕 $2\pi f$ 弧度为 $\boldsymbol{\omega}$,即有:

$$\boldsymbol{\omega} = 2\pi f$$

若质点做匀速圆周运动,那么周期 $T$ 为:

$$T = \frac{2\pi r}{v} = \frac{2\pi}{\boldsymbol{\omega}}$$

## 2.2.4 简谐运动

简谐运动是指物体在做往复运动时,受力大小与位移成正比,受力方向总是指向平衡位置,即受力方向与位移方向相反的运动。简谐运动是一种由自身系统性质决定的周期性运动,是最基本也最简单的机械振动,任何复杂的振动都可视为若干个简谐运动的合成,是声学、地震学、电工学、电子学、光学等的基础。

简谐运动方程:

$$x = A\cos(\omega t + \varphi) \tag{2-31}$$

式中:$A$ 称为振幅,表征振动的强度,它是由初始条件决定的;

$\omega$ 称为角速度或者角频率;

$\varphi$ 称为相位,从 0 时刻到 $t$ 时刻,有 $\varphi = \omega t + \varphi_0$。

　　根据简谐运动方程知:质点在做简谐运动时,在振幅最大处,其加速度值最大;振幅最小处,加速度最小。换言之,$x=\pm A$ 时,质点简谐运动的加速度 $a$ 最大,速度 $v$ 最小;$x=0$ 时,质点简谐运动的加速度 $a=0$,速度 $v$ 最大,称为平衡点。

　　规定,质点经过一次全振动($2\pi$)所用的时间称为振动周期,用 $T$ 表示,单位 s;定义单位时间内质点完成全振动的次数称为频率,用 $f$ 表示,单位赫兹(Hz)。周期和频率关系式为:

$$T=\frac{1}{f} \tag{2-32}$$

角加速度 $\omega$ 为:

$$\omega=\frac{2\pi}{T}=2\pi f \tag{2-33}$$

　　根据简谐运动方程 2-31 式,可分别计算出简谐运动质点的速度 $v$ 和加速度 $a$,分别为:
速度:

$$v=\frac{\mathrm{d}\boldsymbol{x}}{\mathrm{d}t}=-\omega A\sin(\omega t+\varphi) \tag{2-34}$$

加速度:

$$a=\frac{\mathrm{d}\boldsymbol{v}}{\mathrm{d}t}=-\omega^2 A\cos(\omega t+\varphi) \tag{2-35}$$

**思考与讨论:**
根据简谐运动的特征,发现生活中常见的简谐运动例子。

简谐运动

# 2.3　求解运动学两类问题

　　运动在我们的生活中无处不在,通过中学物理运动知识的学习,能够较好地解决理想状态下的运动问题,但抛开理想状态后,许多运动问题不能解决,或者解决起来非常困难。通过观察生活中的运动,我们会发现生活中的运动主要有两大类问题,一类是需要物体沿某一固定轨道运动,即已知物体的运动轨迹;另一类是需要物体在某一初始状态下以一定速度或加速度运动,进而去预判物体的运动轨迹。

解决上述两类问题,需要充分运用数学中微分和积分知识。其中用微分算法可以解决在已知物体运动轨迹的情况下,求解任意时刻物体的速度和加速度;而在已知物体初始状态下,利用物体的速度或加速度用积分的算法,可以计算物体的运动轨迹。

### 1. 运动方程

如图 2-16 所示,质点沿 $P(t)$ 轨迹运动,则其运动方程为:

(1) 位置方程

$$\boldsymbol{r} = \boldsymbol{r}(t) \tag{2-36}$$
$$\boldsymbol{r} = x(t)\boldsymbol{i} + y(t)\boldsymbol{j} + z(t)\boldsymbol{k}$$

(2) 参数方程

$$\begin{cases} x = x(t) \\ y = y(t) \\ z = z(t) \end{cases} \tag{2-37}$$

(3) 运动轨迹

$$p(t) = f(x, y, z) = 0 \tag{2-38}$$

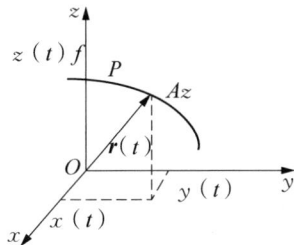

图 2-16 运动轨迹

### 2. 应用举例

(1) 已知运动方程求解速度、加速度等问题。

◎**例 3**:一辆小汽车在笔直的高速公路上以 108 km/h 的速度行驶,距离前车 100 m,突然发现前车掉落货物,驾驶员立刻踩刹车制动,刚好在掉落货物前停住。若小汽车减速过程是匀减速运动,则:

(1) 小汽车此时的加速度是多少?

(2) 小汽车从开始减速到停下来,需要多少时间?

**解**:根据匀变速运动计算法则,换单位得:

$$\boldsymbol{v}_0 = 30 \text{ m/s}, \quad \boldsymbol{v}^2 = 0 \text{ m/s}$$

(1) $\boldsymbol{v}^2 - \boldsymbol{v}_0{}^2 = 2\boldsymbol{a} \cdot \boldsymbol{x}$;

$0^2 - 30^2 = 2 \times \boldsymbol{a} \times 100$;

$\boldsymbol{a} = -4.5 \text{ m/s}^2$。

(2) $\boldsymbol{v} = \boldsymbol{v}_0 + \boldsymbol{a}t$;

$0 = 30 + (-4.5)t$;

$t = 6.67 \text{ s}$。

**思考与讨论:**

如果小汽车司机从开始看见散落物到做出减速刹车动作需要

0.1 s,小汽车恰好停在散落物品前,则汽车加速度和时间分别是多少?

◎**例 4**:一个质点沿直线 $x$ 做直线运动,$x = 4t^4 + 2t^2 + 3$,单位 m。
试求:(1) 质点的速度和加速度;

(2) $t = 1$ s 时刻的位移、速度、加速度;

(3) $t$ 在 0 到 1 s 内的平均速度和平均加速度是多少?

**解**:(1) $v = \dfrac{\mathrm{d}x}{\mathrm{d}t} = \dfrac{\mathrm{d}(4t^4 + 2t^2 + 3)}{\mathrm{d}t}$

$$= (16t^3 + 4t^2)\,\mathrm{m/s};$$

$$a = \dfrac{\mathrm{d}v}{\mathrm{d}t} = \dfrac{\mathrm{d}(16t^3 + 4t^2)}{\mathrm{d}t}$$

$$= (48t^2 + 8t)\,\mathrm{m/s^2}。$$

(2) $t_1 = 1$ s 时

$$x_1 = 4t^4 + 2t^2 + 3$$

$$= 4 \times 1^4 + 2 \times 1^2 + 3$$

$$= 9\,(\mathrm{m})。$$

$$v_1 = 16t^3 + 4t^2$$

$$= 16 \times 1^3 + 4 \times 1^2$$

$$= 20\,(\mathrm{m/s})。$$

$$a_1 = 48t^2 + 8t$$

$$= 48 \times 1^2 + 8 \times 1$$

$$= 56\,(\mathrm{m/s^2})。$$

(3) $t_0 = 0$ s 时

$$x_0 = 4t^4 + 2t^2 + 3$$

$$= 4 \times 0^4 + 2 \times 0^2 + 3$$

$$= 3\,(\mathrm{m})。$$

$$v_0 = 16t^3 + 4t^2$$

$$= 16 \times 0^3 + 4 \times 0^2$$

$$= 0\,(\mathrm{m/s})。$$

$$a_0 = 48t^2 + 8t$$

$$= 48 \times 0^2 + 8 \times 0$$

$$= 0\,(\mathrm{m/s^2})。$$

则平均速度:$\bar{v} = \dfrac{\Delta x}{\Delta t} = \dfrac{x_1 - x_0}{t_1 - t_0}$

$$= \dfrac{9 - 3}{1 - 0}$$

$$= 6(\mathrm{m/s})_{\circ}$$

平均加速度：$\bar{a} = \dfrac{\Delta v}{\Delta t} = \dfrac{v_1 - v_0}{t_1 - t_0}$

$$= \dfrac{20 - 0}{1 - 0}$$

$$= 20(\mathrm{m/s^2})_{\circ}$$

◎**例 5**：设一质点的运动方程为 $\begin{cases} x = 2t + 3 \\ y = \dfrac{1}{2}t^2 + 2 \end{cases}$，方程中 $x$、$y$ 的单位

为 m，时间 $t$ 单位为 s。求：

（1）质点的轨迹方程；

（2）质点在第 1 s 内的位移；

（3）质点在 $t = 1\,\mathrm{s}$ 时的速度和加速度。

　　**解**：

（1）根据质点参数方程 $\begin{cases} x = 2t + 3 \\ y = \dfrac{1}{2}t^2 + 2 \end{cases}$，消去时间 $t$，$t = \dfrac{x-3}{2}\,\mathrm{s}$，

代入得：

$$y = \dfrac{1}{2} \times \left( \dfrac{x-3}{2} \right)^2 + 2$$

$$8y - (x-3)^2 - 16 = 0$$

（2）将质点的参数方程转换成位置矢量方程有

$$\boldsymbol{r} = (2t + 3)\boldsymbol{i} + \left( \dfrac{1}{2}t^2 + 2 \right)\boldsymbol{j}$$

质点第 1 s 内的位移：

$\Delta \boldsymbol{r} = \boldsymbol{r}_1 - \boldsymbol{r}_0{}_{\circ}$

$t = 1\,\mathrm{s}$，$\boldsymbol{r}_1 = (2t + 3)\boldsymbol{i} + \left( \dfrac{1}{2}t^2 + 2 \right)\boldsymbol{j}$

$$= (2 \times 1 + 3)\boldsymbol{i} + \left( \dfrac{1}{2} \times 1^2 + 2 \right)\boldsymbol{j}$$

$$= \left( 5\boldsymbol{i} + \dfrac{5}{2}\boldsymbol{j} \right)(\mathrm{m})_{\circ}$$

$t = 0\,\mathrm{s}$，$\boldsymbol{r}_0 = (2t + 3)\boldsymbol{i} + \left( \dfrac{1}{2}t^2 + 2 \right)\boldsymbol{j}$

$$= (2 \times 0 + 3)\boldsymbol{i} + \left( \dfrac{1}{2} \times 0^2 + 2 \right)\boldsymbol{j}$$

$$= (3\boldsymbol{i} + 2\boldsymbol{j})(\mathrm{m})_{\circ}$$

$$则 \Delta \boldsymbol{r} = \boldsymbol{r}_1 - \boldsymbol{r}_0 = \left(5\boldsymbol{i} + \frac{5}{2}\boldsymbol{j}\right) - (3\boldsymbol{i} + 2\boldsymbol{j})$$

$$= \left(2\boldsymbol{i} + \frac{1}{2}\boldsymbol{j}\right)(\mathrm{m})。$$

$$(3) \ \boldsymbol{v} = \frac{\mathrm{d}\boldsymbol{r}}{\mathrm{d}t} = \frac{\mathrm{d}\left[(2t+3)\boldsymbol{i} + \left(\frac{1}{2}t^2 + 2\right)\boldsymbol{j}\right]}{\mathrm{d}t}$$

$$= (2\boldsymbol{i} + t\boldsymbol{j})(\mathrm{m/s})。$$

$$\boldsymbol{a} = \frac{\mathrm{d}\boldsymbol{v}}{\mathrm{d}t} = \frac{\mathrm{d}(2\boldsymbol{i} + t\boldsymbol{j})}{\mathrm{d}t} = (1\boldsymbol{j})(\mathrm{m/s}^2)。$$

$$t = 1\,\mathrm{s}\ 时, \boldsymbol{v} = 2\boldsymbol{i} + t\boldsymbol{j}$$

$$= 2\boldsymbol{i} + 1 \times \boldsymbol{j}$$

$$= (2\boldsymbol{i} + 1\boldsymbol{j})(\mathrm{m/s})。$$

$$\boldsymbol{a} = 1\boldsymbol{j}\ \mathrm{m/s}^2。$$

◎**例 6**:已知质点沿 $\boldsymbol{r} = \sin 2\pi t\boldsymbol{i} + \cos 2\pi t\boldsymbol{j}$ 运动,单位为 m,求:

(1) 第 1 s 内的位移;

(2) 第 1 s 末的速度和加速度。

**解**:(1) $\Delta \boldsymbol{r} = \boldsymbol{r}_1 - \boldsymbol{r}_0$。

$$t = 1\,\mathrm{s}\ 时, \boldsymbol{r}_1 = \sin 2\pi t\boldsymbol{i} + \cos 2\pi t\boldsymbol{j}$$

$$= \sin 2\pi \times 1 \times \boldsymbol{i} + \cos 2\pi \times 1 \times \boldsymbol{j}$$

$$= (1\boldsymbol{j})(\mathrm{m})。$$

$$t = 0\,\mathrm{s}, \ \boldsymbol{r}_0 = \sin 2\pi t\boldsymbol{i} + \cos 2\pi t\boldsymbol{j}$$

$$= \sin 2\pi \times 0 \times \boldsymbol{i} + \cos 2\pi \times 0 \times \boldsymbol{j}$$

$$= (1\boldsymbol{j})(\mathrm{m})。$$

$$则 \Delta \boldsymbol{r} = \boldsymbol{r}_1 - \boldsymbol{r}_0 = (1\boldsymbol{j}) - (1\boldsymbol{j})$$

$$= 0(\mathrm{m})。$$

$$(2) \ \boldsymbol{v} = \frac{\mathrm{d}\boldsymbol{r}}{\mathrm{d}t} = \frac{\mathrm{d}\left[\sin 2\pi t\boldsymbol{i} + \cos 2\pi t\boldsymbol{j}\right]}{\mathrm{d}t}$$

$$= 2\pi \cos 2\pi t\boldsymbol{i} + (-2\pi \sin 2\pi t\boldsymbol{j})$$

$$= (2\pi \cos 2\pi t\boldsymbol{i} - 2\pi \sin 2\pi t\boldsymbol{j})(\mathrm{m/s})。$$

$$\boldsymbol{a} = \frac{\mathrm{d}\boldsymbol{v}}{\mathrm{d}t} = \frac{\mathrm{d}(2\pi \cos 2\pi t\boldsymbol{i} - 2\pi \sin 2\pi t\boldsymbol{j})}{\mathrm{d}t}$$

$$= -4\pi^2 \sin 2\pi t\boldsymbol{i} - 4\pi^2 \cos 2\pi t\boldsymbol{j}。$$

$$t = 1\,\mathrm{s}\ 时,$$

$$\boldsymbol{v} = 2\pi \cos 2\pi t\boldsymbol{i} - 2\pi \sin 2\pi t\boldsymbol{j}$$

$$= 2\pi \cos(2\pi \times 1)\boldsymbol{i} - 2\pi \sin(2\pi \times 1)\boldsymbol{j}$$

$$= (2\pi\boldsymbol{i})(\mathrm{m/s})。$$

$$\boldsymbol{a} = -4\pi^2\sin 2\pi t\boldsymbol{i} - 4\pi^2\cos 2\pi t\boldsymbol{j}$$

$$= -4\pi^2\sin(2\pi\times 1)\boldsymbol{i} - 4\pi^2\cos(2\pi\times 1)\boldsymbol{j}$$

$$= (-4\pi^2\boldsymbol{j})(\mathrm{m/s^2})。$$

（2）已知质点速度、加速度求解运动轨迹问题。

◎**例 7**：一质点从距离起点 2 m 的地方，以初速度 $\boldsymbol{v}_0 = 2$ m/s 的速度做直线运动，已知加速度 $\boldsymbol{a} = 2t$，求质点的速度和运动方程。

**解**：已知质点 $t = 0$ s，$x_0 = 2$ m，$\boldsymbol{v}_0 = 2$ m/s。

（1）$\because$ $\qquad\qquad\qquad \boldsymbol{a} = \dfrac{\mathrm{d}\boldsymbol{v}}{\mathrm{d}t} = 2t$

$\therefore$ $\qquad\qquad\qquad \mathrm{d}v = 2t\,\mathrm{d}t$

$$\int_{v_0}^{v}\mathrm{d}v = \int_{t_0}^{t}2t\,\mathrm{d}t$$

$\therefore$ $\qquad\qquad\qquad \displaystyle\int_{2}^{v}\mathrm{d}v = \int_{0}^{t}2t\,\mathrm{d}t$

即 $\qquad\qquad\qquad (v)_2^v = (t^2)_0^t$

$$v - 2 = t^2 - 0$$

则 $\qquad\qquad\qquad v = (t^2 + 2)(\mathrm{m/s})$

（2）$\because$ $\qquad\qquad\qquad \boldsymbol{v} = \dfrac{\mathrm{d}\boldsymbol{x}}{\mathrm{d}t} = t^2 + 2$

$\therefore$ $\qquad\qquad\qquad \displaystyle\int_{x_0}^{x}\mathrm{d}x = \int_{t_0}^{t}(t^2 + 2)\,\mathrm{d}t$

即 $\qquad\qquad\qquad \displaystyle\int_{2}^{x}\mathrm{d}x = \int_{0}^{t}(t^2 + 2)\,\mathrm{d}t$

$$x - 2 = \frac{1}{3}t^3 + 2t$$

$\therefore$ $\qquad\qquad\qquad x = \left(\dfrac{1}{3}t^3 + 2t + 2\right)(\mathrm{m})$

◎**例 8**：已知质点以加速度 $\boldsymbol{a} = 2\boldsymbol{i} + t\boldsymbol{j}$，由静止出发，求质点的速度和运动方程。

**解**：（1）根据已知条件得

$$\begin{cases} \boldsymbol{a}_x = 2 \\ \boldsymbol{a}_y = t \end{cases}$$

又$\because$ $\qquad\qquad\qquad \boldsymbol{a}_x = \dfrac{\mathrm{d}\boldsymbol{v}_x}{\mathrm{d}t}$

$\therefore$ $\qquad\qquad\qquad \mathrm{d}v_x = 2\mathrm{d}t$

$$\int_0^{v_x} \mathrm{d}v_x = \int_0^t 2\mathrm{d}t$$

$$\therefore \qquad\qquad v_x = (2t)(\mathrm{m})$$

又有 $\qquad\qquad a_y = \dfrac{\mathrm{d}v_y}{\mathrm{d}t}$

$$\therefore \qquad\qquad \mathrm{d}v_y = t\,\mathrm{d}t$$

$$\int_0^{v_y} \mathrm{d}v_y = \int_0^t t\,\mathrm{d}t$$

$$\therefore \qquad\qquad v_y = \left(\dfrac{1}{2}t^2\right)(\mathrm{m})$$

故质点的速度 $\qquad \boldsymbol{v} = 2t\boldsymbol{i} + \dfrac{1}{2}t^2\boldsymbol{j}$

（2）根据速度计算结果 $\begin{cases} v_x = 2t \\ v_y = \dfrac{1}{2}t^2 \end{cases}$

$\because$又有 $\qquad\qquad v_x = \dfrac{\mathrm{d}x}{\mathrm{d}t},\ v_y = \dfrac{\mathrm{d}y}{\mathrm{d}t}$

$$\therefore \qquad\qquad \mathrm{d}x = 2t\,\mathrm{d}t,\ \mathrm{d}y = \dfrac{1}{2}t^2\,\mathrm{d}t$$

$$\int_0^x \mathrm{d}x = \int_0^t 2t\,\mathrm{d}t,\ \int_0^y \mathrm{d}y = \int_0^t \dfrac{1}{2}t^2\,\mathrm{d}t$$

计算结果得 $\qquad\qquad x = t^2,\ y = \dfrac{1}{6}t^3$

$\therefore$质点的运动方程 $\boldsymbol{r} = t^2\boldsymbol{i} + \dfrac{1}{6}t^3\boldsymbol{j}$。

◎**例 9**：一质点沿半径为 $R$ 的圆做圆周运动，运动方程 $s = v_0t - \dfrac{1}{2}bt^2$，国际单位制，求：$t$ 时刻质点速度和加速度。

**解**：如图 2 - 17 所示，$t = 0$ 时，质点位于 $s = 0$ 处的 $P_1$ 点，在 $t$ 时刻，质点运动到 $P_2$ 点，有

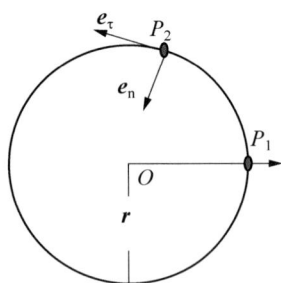

图 2 - 17 运动轨迹

（1）$v_t = \dfrac{\mathrm{d}s}{\mathrm{d}t} = \dfrac{\mathrm{d}\left(v_0t - \dfrac{1}{2}bt^2\right)}{\mathrm{d}t} = (v_0 - bt)\ \mathrm{m/s}$。

（2）$a_\tau = \dfrac{\mathrm{d}v_t}{\mathrm{d}t} = \dfrac{\mathrm{d}(v_0 - bt)}{\mathrm{d}t} = (-b)\ \mathrm{m/s}^2$；

$a_n = \dfrac{v_t^2}{r} = \dfrac{(v_0 - bt)^2}{r}$；

$a = \sqrt{a_\tau^2 + a_n^2} = \sqrt{(-b)^2 + \left(\dfrac{(v_0 - bt)^2}{r}\right)^2}$。

# 第三章  牛 顿 定 律

　　力学是物理学的一个重要组成部分,自1867年牛顿的《自然哲学的数学原理》发表以来,至今已有330余年。在这三个多世纪的发展过程中,人们对力学的认知也有了充足的发展,并将其发展成为了一门独立的学科,包含了材料力学、弹性力学、声学与超声学、海洋力学等多门子学科。虽然21世纪初发展的量子力学与广义相对论给经典力学带来了巨大的冲击,但它们并未否定经典力学,而是确定了经典力学的适用范围,其在现代科学技术中仍然占有非常重要的地位。本章将主要讨论经典力学中的基础牛顿力学定律。

## 3.1  力、力的性质与平衡

### 3.1.1  力及其种类

　　广义地说,力是改变物体运动的因素,如改变物体运动的速度。它是一个矢量,具有大小与方向,它的国际单位制单位是牛顿(N)。目前为止,我们已经见过许多不同名称的力,它们可以分为两类:一类是依据力的性质来命名,如重力、弹力、摩擦力、电力、磁力等;一类是依据力的效果来命名,如拉力、压力、支持力、动力、阻力等。在我们当前学习阶段,最常遇到的是重力、弹力与摩擦力。

伽利略

　　(1)重力:由于地球上的物体随地球一起自转,所以两者间除了存在万有引力之外,还存在一个离心力,而我们所说的重力就是万有引力与离心力之间的合力,方向总是竖直向下。但是由于离心力相比于万有引力很小,因此我们一般近似认为重力大小与万有引力大小相等。从作用效果看,可以认为物体各部分所受重力都集中于一点,此点称为物体重心。质量均匀分布的物体,其重心位置只与物体形状有关;质量分布不均匀的物体,其重心位置不仅与物体形

状有关,也与其质量的分布有关。

(2)弹力:物体在外力的作用下形状发生改变称为形变;外力消失后物体能恢复原状的性质称为弹性;我们将这种外力消失后能恢复原状的形变称为弹性形变。常见的弹性形变有被拉伸或压缩的弹簧,被大雪压弯的树枝,被挤压的橡皮擦等。发生弹性形变的物体会对与它接触的物体发生力的作用,这种力称为弹力。它产生于直接接触而发生弹性形变的物体之间。我们生活中常见的压力、支持、拉力都属于弹力。一般来讲,实际生活中遇到与弹力有关的力学问题都比较复杂,因为弹力与物体的形变密切相关。我们接触到的最简单的情形是弹簧的弹性形变。它的弹力与形变之间的关系最早被英国科学家胡克发现,称为胡克定律。

$$f = kx \qquad (3-1)$$

式中 $f$ 为弹力;$x$ 为弹簧伸长(压缩)长度;$k$ 为弹簧的劲度系数,其由弹簧自身性质决定。

(3)摩擦力:摩擦力也是我们日常生活中最常遇到的一种力,它作用在两个相互接触的物体之间;它可以分为静摩擦力与动摩擦力两种。发生在两个相对静止物体之间的摩擦力称为静摩擦力。比如我们握在手中的水杯、筷子不会滑落,传送带上的物品与传送带保持相对静止等现象都是由于静摩擦力的作用而发生的。在两个有相对滑动的物体之间的摩擦力称为滑动摩擦力。它的方向与相对运动的方向相反。比如地面滑行的物体运动一段距离后停止就是由于受到滑动摩擦力的作用。两个物体之间的滑动摩擦力的大小 $f_{摩擦力}$ 与两个物体表面间的压力 $N$ 大小成正比,即

$$f_{摩擦力} = \mu N \qquad (3-2)$$

式中 $\mu$ 为动摩擦因数,它是无量纲量,其取值大小与接触物体的材质以及接触面的情况有关。保持压力不变时,动摩擦因数越大,物体间的滑动摩擦力越大。

## 3.1.2　力的合成与分解

从力的作用效果出发,如果一个单独的力 $F$ 作用在物体上的效果与若干个力 $F_i(i = 1, 2, \cdots, n)$ 共同作用在该物体上的效果相同,即 $\sum_{i=1}^{n} F_i = F$,则称力 $F$ 为这些力 $F_i(i = 1, 2, \cdots, n)$ 的合力;称这些力 $F_i(i = 1, 2, \cdots, n)$ 为力 $F$ 的分力。如图 3-1 所示,力

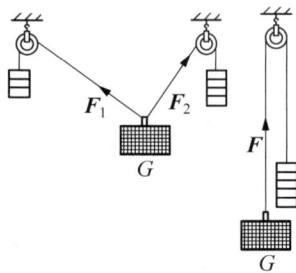

图 3-1　合力与分力

$F_1$、$F_2$ 与力 $F$ 所产生的效果均使得同一重物 $G$ 静止悬挂在空中。

我们通常将求若干个已知力 $F_i$（$i=1,2,\cdots,n$）的合力 $F$ 称为力的合成；求已知力 $F$ 的分力 $F_i$（$i=1,2,\cdots,n$）称为力的分解。下面分别讨论力的合成与力的分解：

（1）力的合成。

在力的合成问题中，处于同一直线上若干个力的合成是最为简单的情形，如图 3-2 所示。更多情况下，我们需要解决的是不在同一直线上的两个或多个力的合成问题。解决这类问题我们一般使用平行四边形法则，如图 3-3 所示。

我们以力 $F_1$、$F_2$ 为邻边，作一平行四边形，则该平行四边形对角线可表示 $F_1$、$F_2$ 的合力（带箭头虚线）；然后再利用平行四边形法则求此合力与 $F_3$ 的合力，最终得到三者合力 $F$。若遇到更多力合成的情形，我们只需以此类推求解即可。

除以上所讲，矢量加法中的三角形法则在求解力的合成中也经常被使用。例如求解图 3-4 中作用在物体上的 $F_A$、$F_B$、$F_C$、$F_D$ 四个力的合力，我们使用三角形法则计算合力更为简便。力 $F_A$ 保持位置不变，将 $F_B$、$F_C$、$F_D$ 依次进行平移，令其起点与前一个力终点重合，根据三角形法则，以 $F_A$ 起点为起点，$F_B$ 终点为终点，得出合力 $F_{AB}$；然后画出 $F_{AB}$ 与 $F_C$ 的合力 $F_{ABC}$，以此类推，最终发现只需以 $F_A$ 起点为起点，$F_D$ 终点为终点，作一连线即可得到四个分力的合力。

（2）力的分解。

力的分解是力的合成的逆运算，遵循平行四边形法则。我们将已知力作为平行四边形对角线，此平行四边形的两邻边则为该已知力的两个分力。显然，一条对角线可以对应无数个平行四边形。也就是说一个力可以分解为无限多对不同的分力。所以我们需要结合具体情况来决定如何对一个力进行分解。

◎例 1：如图 3-5 所示，四个共点力 $F_1$、$F_2$、$F_3$、$F_4$ 处于同一平面内，其大小依次为 19 N、40 N、30 N 和 15 N，试求它们的合力。

**解**：根据图中所标注各力之间夹角可知 $F_1 \perp F_4$。

故我们在建立直角坐标系时，选取力 $F_1$ 所在作用线为 $x$ 轴，并规定向右为正方向；选取力 $F_4$ 所在作用线为 $y$ 轴，且定义竖直向上为正方向（如图 3-6 所示）。

图 3-2 同一直线上力的合成

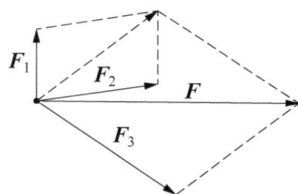

图 3-3 平行四边形法则

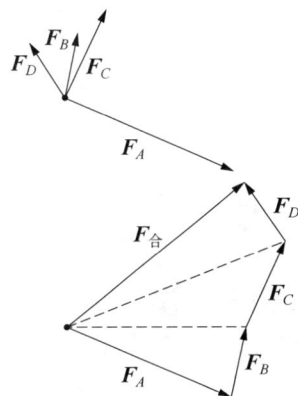

图 3-4 三角形法则

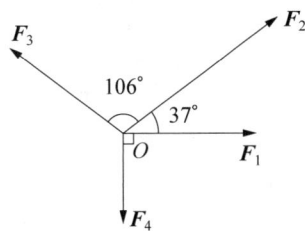

图 3-5

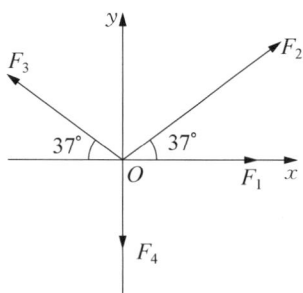

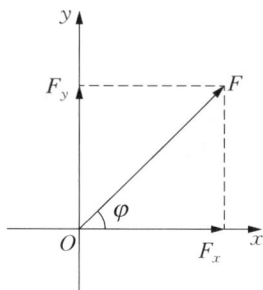

将力 $F_2$，$F_3$ 分解到两个坐标轴上，其大小分别为

$$\begin{cases} F_{2x} = F_2 \cos 37° \\ F_{2y} = F_2 \sin 37° \end{cases}$$

$$\begin{cases} F_{3x} = -F_3 \cos 37° \\ F_{3y} = F_3 \sin 37° \end{cases}$$

$x$ 轴与 $y$ 轴上的合力大小分别为

$$F_x = F_1 + F_2 \cos 37° - F_3 \cos 37° = 27 \text{ N}$$

$$F_y = F_2 \sin 37° + F_3 \sin 37° - F_4 = 27 \text{ N}$$

利用平行四边形法则,最终求得合外力大小为

$$F = \sqrt{F_x^2 + F_y^2} = 27\sqrt{2} \text{ N}$$

方向角 $$\varphi = \arctan \frac{F_y}{F_x} = 45°$$

答:合力大小为 $27\sqrt{2}$ N,方向与 $F_1$ 夹角为 $45°$ 斜向右上。

图 3-6

# 3.2　牛顿第一定律

## 3.2.1　牛顿第一定律

牛顿

在伽利略与牛顿之前,古希腊哲学家亚里士多德(公元前 384—公元前 322)根据人们的生活经验提出:力是维持物体运动的原因。没有力的作用,物体将停止运动。这一观点一直延续了 2000 多年。直到 17 世纪,伽利略指出导致沿水平面运动物体最终静止的原因是摩擦阻力。

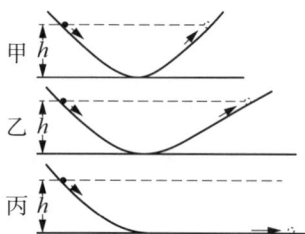

我们简单介绍伽利略理想实验。如图 3-7 所示为表面光滑的斜面:图甲中小球从左侧滚动至右侧时,终点与起点的高度相同;伽利略推论,若减小右侧斜面与平面的夹角(图乙),小球最终仍要运动至相同高度,但是运动距离显然更长;当右侧斜面与水平面重合时(图丙),小球因无法达到出发时的高度,它将一直沿水平面匀速运动下去。

图 3-7　伽利略理想斜面实验

牛顿在伽利略的基础上更进一步得到结论:任何物体总是保持静止或匀速直线运动的状态,直到有外力迫使它改变这种状态为止。这一规律告诉我们力不是维持物体运动的原因,而是改变物体运动状态的原因。它是力学的基本规律,揭示了物体不受外力时的运动规律。而物体这种保持原有的静止或匀速直线运动状态的性质我们称之为惯性,因此牛顿第一定律也称为惯性定律。

我们在处理实际问题时,不受外力的情形是不存在的,但是当物体所受合外力为零时,牛顿第一定律也是适用的。

## 3.2.2 惯性

牛顿第一定律告诉大家,物体的运动状态变化一定是受到了力的作用。而运动状态的变化表明一定产生了加速度。比如我们驾驶车辆时如果松开油门,车辆将逐渐减速并最终停止,此时的加速度与运动方向相反,而产生这个加速度的原因是地面的阻力,由此可知力是产生加速度的原因。

当然,加速度的大小除了与外力有关,同时也与自身一些性质有关。比如进行垃圾清运一类的集体劳动时,我们推动一个满载的斗车与一个空载的斗车时起步所需的力量大小是完全不同的,空斗车显然加速更快更轻巧,满载的斗车加速更慢更费力。这个例子也表明,质量大的物体要改变运动状态更困难,它的惯性大;质量小的物体要改变运动状态更容易,它的惯性小。可见质量除了用于衡量物体所含物质多少之外,在物理学中它也用来量度物体惯性的大小。因此,我们也将质量称为惯性质量。

我们在日常生活中也需要认真考虑惯性的影响。比如室内自行车这一类对灵活性要求高的竞速体育活动中,我们就要在保证安全的前提下尽量减轻器材的质量,从而保证灵活快速。但是小木船在河流中航行时却要放置"压舱石",其目的就是增加船身质量保证航行过程中状态的稳定,不容易受水流的影响。所以惯性的大小无所谓好坏,我们要根据具体情况去合理控制使用。

# 3.3 牛顿第二定律

本小节将通过探究实验深入讨论加速度 $a$ 与力 $F$ 以及质量 $m$ 之间究竟满足何种关系。

拉普拉斯

如图 3-8 所示，我们在一端带有定滑轮的光滑平面放置一辆小车，重物通过定滑轮与小车连接，并在平面上安装好光电门计时器，利用它获得小车通过固定区间的加速度。

探究实验分为两部分。首先保持系统质量不变，通过改变左侧悬挂物的质量改变绳的拉力，找出小车加速度与外力的关系；然后保持左侧悬挂物质量不变，通过在小车上放置砝码，找出小车加速度与物体质量之间的关系。

综合上述实验结果我们得到结论：物体的加速度与作用力成正比，与物体质量成反比，即牛顿第二定律。用数学表达式可表示为

$$a \propto \frac{F}{m} \text{ 或 } F \propto ma \tag{3-3}$$

上式我们也可用等式表示为

$$F = kma \tag{3-4}$$

式中 $k$ 为比例常数。国际单位制中力的单位牛顿（N）便是依据牛顿第二定律来定义，规定质量为 $1\,kg$ 的物体产生 $1\,m/s^2$ 加速度的力，为 $1N$，即 $1N = 1\,kg \cdot m/s^2$。因此选取国际单位制单位后，上式中比例常数 $k = 1$，式 3-4 则可简化为

$$F = ma \tag{3-5}$$

即牛顿第二定律的公式。牛顿第二定律表明物体的加速度与所受合力成正比，与物体的质量成反比，加速度方向与合外力方向一致。其数学表达式修正为

$$F_{合} = ma \tag{3-6}$$

结合第二章运动学的知识，我们可以将牛顿第二定律表示为

$$F = ma = m\frac{d\boldsymbol{v}}{dt} = \frac{dm\boldsymbol{v}}{dt} = \frac{d\boldsymbol{p}}{dt} \tag{3-7}$$

因此牛顿第二定律也可以表述为：作用在物体上的合外力等于其单位时间内动量的变化量，这也是牛顿对第二定律最初所使用的表述方式。处理物体受到多个外力作用时，我们一般用正交分解法将多个外力逐一分解至各坐标轴上。牛顿第二定律在直角坐标系中各分量表示为

$$\begin{cases} F_x = ma_x = m\dfrac{d\boldsymbol{v}_x}{dt} = \dfrac{dm\boldsymbol{v}_x}{dt} = \dfrac{d\boldsymbol{p}_x}{dt} \\[2mm] F_y = ma_y = m\dfrac{d\boldsymbol{v}_y}{dt} = \dfrac{dm\boldsymbol{v}_y}{dt} = \dfrac{d\boldsymbol{p}_y}{dt} \\[2mm] F_z = ma_z = m\dfrac{d\boldsymbol{v}_z}{dt} = \dfrac{dm\boldsymbol{v}_z}{dt} = \dfrac{d\boldsymbol{p}_z}{dt} \end{cases} \tag{3-8}$$

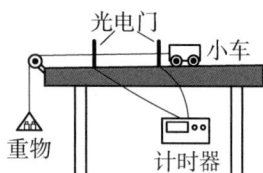

图 3-8 加速度、力、质量关系验证实验

需要注意的是,我们应用牛顿第二定律解决日常宏观低速条件下的运动是完全适用的。但是对于高速微观领域则不再适用,这一领域我们需要用到近代物理的量子力学知识;对于宏观高速运动,以及如何解释时间与空间,我们则需要用到广义相对论知识去解决。

# 3.4　牛顿第三定律

## 3.4.1　牛顿第三定律

在足球运动中,当运动员用力开球或射门时,球的运动状态发生改变的同时,自己的脚背也会感受到重击;当我们用力拍打桌面时,自己的手掌也会感到疼痛。类似的例子还有很多,我们在对其他物体施加力的作用时,受力物体也会对我们施加一个力的作用。生活经验与科学实验告诉我们两个物体之间力的作用总是相互的,这一对力我们称之为作用力与反作用力,那么作用力与反作用力之间有什么关系?

如图 3-9 所示,我们将 $B$ 弹簧计力器一端固定在墙面上,将其挂钩与另一只自由的 $A$ 弹簧计力器挂钩钩住,然后我们拉动自由的 $A$ 弹簧计力器另一端。通过观察可以发现,不管我们如何改变拉力的大小与方向,两个弹簧计力器上的读数始终是一致的。这一结果表明:两个物体之间的作用力和反作用力大小相等,方向相反,并且作用在同一直线上,这就是牛顿第三定律。

钱学森

图 3-9　力的相互作用

我们日常生活中的诸多现象都体现了牛顿第三定律。如:蹬自行车时轮胎与地面的相互作用;火箭与其燃料燃烧后喷出气体之间的相互作用;还比如在 20 世纪,我国著名科学家钱学森先生根据高速物体在进入密度介质时会产生反压,所提出的钱学森弹道,也是利用了力的相互作用原理。我国科学家通过不断努力,研制了世界上最先进的装备有乘波体弹头的东风系列超高音速导弹,该弹头如同石子在水面上打水漂一样飞行,让敌人无法测定飞行轨迹和拦截。

## 3.4.2　二力平衡力与相互作用

二力平衡指的是作用在同一物体上的两个力,如果大小相等,方向相反,并且在同一条直线上,此时它们所产生的作用效果将相互抵消,物体将继续保持静止或匀速直线运动状态。

二力平衡与物体间相互作用是两个完全不同的概念。首先,平衡力是作用在同一物体上,而作用力与反作用力分别作用在不同物体上;第二,相互作用力性质一致,但平衡力却不一定;如静止悬吊在空中的水桶,此时绳的拉力与桶的重力就是一对平衡力,但二者性质完全不同;第三,平衡力之间没有相互依存的关系,而作用力与反作用力同时产生,同时消失,相互依存,同时变化,不可以单独存在。

# 3.5　牛顿定律的应用

邓稼先

牛顿运动定律是一个整体,不能只注意其中的一条定律,忽视其他两条。牛顿运动定律只能在惯性参考系中应用,牛顿第一定律是牛顿力学的思想基础,它说明任何物体都有惯性,牛顿第二定律说明力是使物体产生加速度的原因,在惯性参考系中不能把 $ma$ 误认为力。牛顿第三定律指出力有相互作用的性质,为我们正确分析物体受力情况提供了依据。

通常力学问题可分为两类:

(1) 已知力求运动。

这类问题代表一种演绎的过程,它是物理学和工程问题作出成功的分析和设计的基础。

(2) 已知运动求力。

这类问题包括了力学的归纳性和探索性的应用,这是发现新定律的一个重要途径。

值得注意的是,在解决实际问题时常常是两类问题兼有。

◎**例 2**:如图 3-10 所示,质量为 $m_1$ 与 $m_2$ 的两个物体,利用一根穿过定滑轮的轻绳悬于空中,忽略滑轮和绳子的质量,滑轮与绳的摩擦力以及滑轮与轴的摩擦力均不计,且 $m_1 > m_2$。 求:

(1) 重物释放后,物体的加速度和绳的张力;

(2) 物体的运动方程。

**解**:(1) 以地面为参考系,作受力分析,规定垂直向下为正方向。

由于绳不可伸长,绳上拉力大小相等且两物体的加速度大小相等。

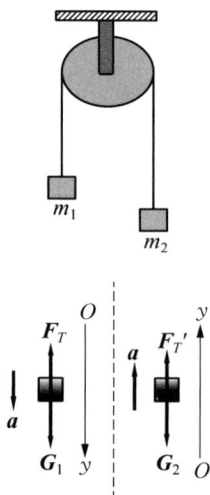

图 3-10

$$联立方程组\begin{cases} m_1 g - \boldsymbol{F}_T = m_1 \boldsymbol{a} \\ m_2 g - \boldsymbol{F}_T' = m_2 \boldsymbol{a} \\ \boldsymbol{F}_T = \boldsymbol{F}_T' \end{cases}$$

$$\boldsymbol{a} = \left( \frac{m_1 - m_2}{m_1 + m_2} \boldsymbol{g} \right) \text{m/s}^2$$

$$\boldsymbol{F}_T = \boldsymbol{F}_T' = \left( \frac{2 m_1 m_2}{m_1 + m_2} \boldsymbol{g} \right) \text{N}$$

（2）令竖直向上为 $y$ 轴正向。

对于物体 $m_1$：

$$\boldsymbol{a} = \frac{\mathrm{d} \boldsymbol{v}}{\mathrm{d} t}$$

分离变量，两边积分有

$$\int_0^v \mathrm{d} \boldsymbol{v} = \int_0^t \boldsymbol{a} \, \mathrm{d} t = \int_0^t \frac{m_1 - m_2}{m_1 + m_2} \boldsymbol{g} \, \mathrm{d} t$$

$$\boldsymbol{v} = \left( \frac{m_1 - m_2}{m_1 + m_2} \boldsymbol{g} t \right) \text{m/s}$$

又 $\because \boldsymbol{v} = \dfrac{\mathrm{d} \boldsymbol{y}}{\mathrm{d} t}$ 及初始条件两边积分可得

$$\boldsymbol{y} = \left[ \frac{m_1 - m_2}{2(m_1 + m_2)} \boldsymbol{g} t^2 \right] \text{m}$$

◎**例 3**：如图 3-11 所示，长为 $l$ 的轻绳，一端系有质量为 $m$ 的小球，另一端固定于 $O$ 点。当 $t = 0$ s 时，小球位于最低点，水平速度为 $\boldsymbol{v}_0$，求小球在任意位置的速率及绳的张力。

**解**：对小球作受力分析，如图所示，小球受到竖直向下的重力，以及绳的拉力，小球在这两个力的作用下运动；

以小球圆心为原点建立自然坐标系，规定小球速度方向为 $\boldsymbol{e}_t$ 正向，沿径向指向圆心为 $\boldsymbol{e}_n$ 正向；

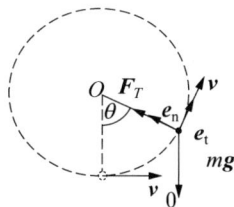

图 3-11

联立方程组：

$$\begin{cases} \boldsymbol{F}_T - m \boldsymbol{g} \cos \theta = m \boldsymbol{a}_n \\ - m \boldsymbol{g} \sin \theta = m \boldsymbol{a}_t \end{cases}$$

$$\because \boldsymbol{a}_n = \frac{m \boldsymbol{v}^2}{l}$$

$$\boldsymbol{a}_t = m \frac{\mathrm{d} \boldsymbol{v}}{\mathrm{d} t} = m \frac{\mathrm{d}^2 s}{\mathrm{d} t^2}$$

代入方程组得

$$\begin{cases} \boldsymbol{F}_T - mg\cos\theta = m\dfrac{m\boldsymbol{v}^2}{l} \\ -mg\sin\theta = m\dfrac{\mathrm{d}\boldsymbol{v}}{\mathrm{d}\theta} \end{cases}$$

联立计算得

$$\int_0^v \boldsymbol{v}\,\mathrm{d}\boldsymbol{v} = -\boldsymbol{g}l\int_0^\theta \sin\theta\,\mathrm{d}\theta$$

$$\boldsymbol{v} = \sqrt{\boldsymbol{v}_0^2 + 2\boldsymbol{g}l(\cos\theta - 1)}$$

综合以上可得

$$\boldsymbol{F}_T = m\left(\dfrac{\boldsymbol{v}_0^2}{l} - 2\boldsymbol{g} + 3\boldsymbol{g}\cos\theta\right)$$

◎**例 4**：设有一辆质量为 2 500 kg 的汽车，在平直的高速公路上以 120 km/h 的速度行驶。为使汽车平稳地停下来，驾驶员启动刹车装置。刹车阻力随时间线性增加，满足关系 $\boldsymbol{f} = -bt$，其中 $b = 3\,500\,\mathrm{N/s}$。求此车经过多长时间停下来？

**解**：根据牛顿第二定律有

$$\boldsymbol{F}_合 = \boldsymbol{f}$$

即

$$m\boldsymbol{a} = -bt$$

则

$$\boldsymbol{a} = \dfrac{-bt}{m}\,(\mathrm{m/s})$$

又∵

$$\boldsymbol{a} = \dfrac{\mathrm{d}\boldsymbol{v}}{\mathrm{d}t}$$

分离变量并两边同时积分有

$$\int_{v_0}^v \mathrm{d}\boldsymbol{v} = \int_{t_0}^t \boldsymbol{a}\,\mathrm{d}t$$

综合以上各式有

$$\int_{v_0}^0 \mathrm{d}\boldsymbol{v} = \int_0^t \dfrac{-bt}{m}\,\mathrm{d}t$$

代入值计算得

$$t = \left(\dfrac{2v_0}{b}m\right)^{1/2} = 6.9\,\mathrm{s}$$

◎**例 5**：如图 3-12 所示，长为 $l$ 的细绳一端固定在天花板上，另一端悬挂质量为 $m$ 的小球。小球以角速度 $\omega$ 做匀速圆周运动，细绳与铅直方向夹角为 $\theta$，忽略空气阻力，试求 $\theta$ 角表达式。

**解**:小球受力情况如图 3-12 所示。拉力 $\boldsymbol{F}_T$ 沿 $x$ 轴上的分力提供小球作圆周运动的向心力;在 $y$ 轴上的分力与重力 $m\boldsymbol{g}$ 平衡。

$x$ 轴方向: $$m\omega^2 r = \boldsymbol{F}_T \sin\theta$$

$y$ 轴方向: $$m\boldsymbol{g} = \boldsymbol{F}_T \cos\theta$$

又 $\because$ 圆周半径 $r = l \cdot \sin\theta$,

$\therefore$ $$\boldsymbol{F}_T = m\omega^2 l$$

代入计算得 $\cos\theta = \dfrac{g}{\omega^2 l}$

$\theta = \arccos\left(\dfrac{g}{\omega^2 l}\right)$,显然角速度 $\omega$ 越大,夹角 $\theta$ 也越大。

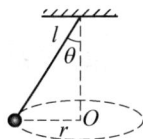

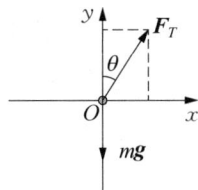

图 3-12

## 本章重点知识小结

（1）力是改变物体运动状态的原因。

（2）惯性是物体固有的性质，质量是用于衡量物体惯性大小的量。

（3）牛顿运动定律适用于惯性参考系。

（4）牛顿运动定律适用于宏观低速运动的情形。

## 练习题

1. 质量为 $m$ 的人站在升降机内，当升降机以加速度 $a$ 向上运动时，求人对升降机地板的压力。

2. 如图所示一根轻绳穿过定滑轮，轻绳两端各系一质量为 $m_1$ 和 $m_2$ 的物体，且 $m_1 > m_2$，设滑轮的质量不计，滑轮与绳及轴间摩擦不计，定滑轮以加速度 $a_0$ 相对地面向上运动，试求两物体相对定滑轮的加速度大小及绳中张力。

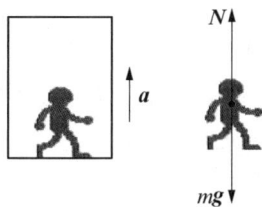

题 1

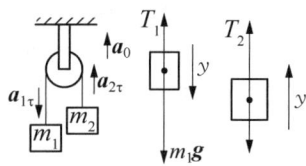

题 2

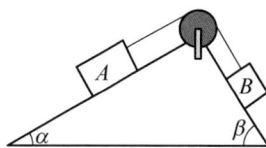

题 3

3. 质量分别为 $m_A = 100\,\text{kg}$，$m_B = 60\,\text{kg}$ 的 $A$、$B$ 两物体，用绳连接组成一个系统装置，如图。三角架固定在水平面上，两斜面的倾角分别为 $\alpha = 30°$，$\beta = 60°$。物体与斜面间无摩擦，滑轮和绳的质量均忽略不计。求：(1)系统将向哪个方向运动？加速度是多少？(2)绳中的张力多大？

# 第四章　动量与能量

上一章介绍了牛顿运动定律及其应用，主要研究了质点的机械运动。本章将研究对象由质点转向质点系统，重点研究质点系的过程问题，进而确立和认识运动中的守恒定律。本章将着重讨论动量守恒和能量守恒，它们不仅适用于物理过程，还适用于化学、生物等其他过程。人们至今还没有发现自然界中违反它们的事例。可以说守恒定律是自然规律最深刻最简洁的陈述，它比物理学中其他定律（例如牛顿运动定律）更重要、更基础。

首先介绍关于质点系的几个重要概念：

（1）质点系：是由两个或两个以上的质点构成的一个体系。两个没有相互作用的质点构成最简单的质点系。

（2）内力和外力：质点系内部各质点之间的相互作用力称为内力，内力通常用 $f$ 表示。具体第 $i$ 个质点受到第 $j$ 个质点的内力记作 $f_{ij}$，质点系外的施力物体对质点系的力称为外力，外力通常用 $F$ 表示，第 $i$ 个质点受到外力记作 $F_i$。关于内力，有一个非常重要的性质：质点系中内力总是成对出现，且所有内力矢量和为零。

（3）孤立系统：如果一个质点系不受任何外力或者所受外力矢量和为零，则称该质点系为孤立系统。

# 4.1　动量及动量守恒

## 4.1.1　动量、动量定理的微分形式

一个质点的质量与其速度的乘积定义为该质点的动量。动量是矢量，其方向与速度的方向相同。分别用 $m$、$v$ 和 $p$ 表示质点的质量、速度和动量，则

$$p = mv \tag{4-1}$$

动量

在 SI 中,动量的单位是 kg·m/s(千克米每秒)。利用动量,牛顿第二定律可以一般地写作

$$\boldsymbol{F} = \frac{\mathrm{d}}{\mathrm{d}t}(m\boldsymbol{v}) = \frac{\mathrm{d}\boldsymbol{p}}{\mathrm{d}t} \qquad (4-2)$$

推广至一般情况,设有诸力 $\boldsymbol{F}_i(i=1,2,\cdots)$ 作用于质点 $m$,有

$$\sum \boldsymbol{F}_i = \frac{\mathrm{d}}{\mathrm{d}t}(m\boldsymbol{v}) = \frac{\mathrm{d}\boldsymbol{p}}{\mathrm{d}t} \qquad (4-3)$$

其意为:质点动量对时间的变化率等于作用于该质点的力的矢量和,称质点的动量定理。而当质点质量不随时间变化时,质点的动量定理可以回到牛顿第二定律形式。在没有特殊说明的情况下,本课程中质点质量认为不随时间变化。

假设一个质点系由 $n$ 个质点构成,质点系的动量定理可以表示为:

$$\sum \boldsymbol{F}_i = \frac{\mathrm{d}}{\mathrm{d}t}\sum \boldsymbol{p}_i \qquad (4-4)$$

其中 $\boldsymbol{F}_i$ 表示第 $i$ 个质点所受的合外力,该定理意义为:质点系中各质点动量的矢量和对时间的变化率等于作用于该质点系上各质点的外力的矢量和。

**思考与讨论:**
动量定理与牛顿第二定律的联系与区别是什么?

## 4.1.2　冲量、动量定理的积分形式

任何力总在一段时间内作用。为描述力在一段时间间隔的累积作用,引入冲量概念。作用于物体上的力的大小和方向通常是变化的,但在极短时间内,可认为力的大小和方向都不变。用 $\Delta t$ 表示极短的时间间隔,用 $\boldsymbol{F}$ 表示 $\Delta t$ 中力的某一瞬时值,则

$$\Delta \boldsymbol{I} = \boldsymbol{F}\Delta t \qquad (4-5)$$

叫作力 $\boldsymbol{F}$ 在 $\Delta t$ 时间内的元冲量。

在从 $t_0$ 至 $t$ 的较长时间内,力通常不能再认为是常矢量,于是把 $t-t_0$ 划分为许多很小的时间间隔 $\Delta_i t$,在任意的 $\Delta_i t$ 中将力 $\boldsymbol{F}_i$ 视作恒力,将力在各小时间间隔的元冲量求和,并取极限,得力 $\boldsymbol{F}$ 在 $t-t_0$ 时间间隔内的冲量 $\boldsymbol{I}$

$$I = \lim_{\Delta_i t \to 0} \sum \boldsymbol{F}_i \Delta_i t = \int_{t_0}^{t} \boldsymbol{F} \mathrm{d}t \qquad (4-6)$$

即力的冲量等于力 $\boldsymbol{F}$ 在所讨论时间间隔内对时间的定积分,力的冲量还可用平均力(力对时间的平均值)表示。在国际单位制中,冲量单位为 N·s(牛顿秒)。

根据质点动量定理有

$$\sum \boldsymbol{F}_i \mathrm{d}t = \mathrm{d}\boldsymbol{p} \qquad (4-7)$$

表明质点动量的微分等于合力的元冲量,这是用冲量概念表述的质点的动量定理的微分形式,其反映质点动量改变的规律。至于在有限长时间内合力冲量和动量变化的关系,仅须将上式在 $t_0$ 至 $t$ 时间内作积分,得

$$I = \int_{t_0}^{t} \left( \sum \boldsymbol{F}_i \right) \mathrm{d}t = \int_{p_0}^{p} \mathrm{d}\boldsymbol{p} = \boldsymbol{p} - \boldsymbol{p}_0 \qquad (4-8)$$

式中 $I$ 表示质点所受合力在 $t_0$ 至 $t$ 时间内的总冲量,$\boldsymbol{p}_0$ 和 $\boldsymbol{p}$ 分别表示质点的初动量和末动量。上式表明:在一段时间内,质点动量的增量等于这段时间内作用于质点合力的冲量。式 4-8 为用冲量表述的质点动量定理的积分形式,因合力的冲量等于各分力冲量的和,而每一分力的冲量都可表示为平均力与时间的乘积,因此上式可表示为

$$\sum \boldsymbol{F}_i (t - t_0) = \boldsymbol{p} - \boldsymbol{p}_0 \qquad (4-9)$$

平均力在重锤打击和气体分子对器壁的碰撞方面有重要应用,关于质点系动量定理的微分形式和积分形式可以类比质点动量定理依次写出。

**思考与讨论:**
质点系动量定理的积分形式是什么?

**动量和冲量**

## 4.1.3　动量守恒定律

假设只有两个相互作用的质点构成一个孤立质点系,质点编号分别为 1 和 2。牛顿第三定律表明:$\boldsymbol{f}_{12} = -\boldsymbol{f}_{21}$。按照牛顿第二定律,$\boldsymbol{f}_{12} = \dfrac{\mathrm{d}\boldsymbol{p}_1}{\mathrm{d}t}$、$\boldsymbol{f}_{21} = \dfrac{\mathrm{d}\boldsymbol{p}_2}{\mathrm{d}t}$ 进而可以得到

$$\frac{\mathrm{d}\boldsymbol{p}_1}{\mathrm{d}t} = -\frac{\mathrm{d}\boldsymbol{p}_2}{\mathrm{d}t} \qquad (4-10)$$

改写为

$$\frac{\mathrm{d}(\boldsymbol{p}_1 + \boldsymbol{p}_2)}{\mathrm{d}t} = 0 \qquad (4-11)$$

即只有两个相互作用的质点构成的孤立质点系的总动量 $\boldsymbol{p}_1 + \boldsymbol{p}_2$ 不变。这个结论与质点间作用力的具体形式和性质无关。值得强调的是：以上情况总动量不变的关键在于系统是孤立的，即不受外力；系统内力总是成对出现。

上述结论推广到多个相互作用的质点构成的孤立系统仍然成立，即由 $n$ 个质点构成的孤立系统的动量守恒，即动量守恒定律。

$$\boldsymbol{p} = \sum_{i=1}^{n} m_i \boldsymbol{v}_i = \boldsymbol{C}(\boldsymbol{C} \text{ 为恒矢量}) \qquad (4-12)$$

孤立系统属于物理学中的理想模型，现实世界中没有严格的孤立系统，但是当系统内部相互作用力远大于外界对系统的作用力时，可以近似认为这是一个孤立系统。这种近似的孤立系统是很多的，比如我们的太阳系，系外天体对我们的引力远远小于太阳对行星、行星对行星的引力大小，因此太阳系可以近似为一个孤立系统。

另外，质点系的动量守恒定律也可由质点系动量定理简单分析出来。根据质点系动量定理

$$\sum \boldsymbol{F}_i = \frac{\mathrm{d}}{\mathrm{d}t} \sum \boldsymbol{p}_i \qquad (4-13)$$

得出在一定时间间隔内，若 $\sum \boldsymbol{F}_i = 0$ 则 $\sum \boldsymbol{p}_i =$ 常矢量，即在某一时间间隔内，若质点系所受外力矢量和自始至终保持为零，则在该时间内质点系动量守恒，即外力矢量和为零可用作为动量守恒条件。质点系动量守恒定律是质点系动量定理在系统外力为零条件下的一个结论。如果系统以外的作用力不可以忽略，那么此系统的总动量就不是一个恒量，此类问题则无法使用动量守恒定律进行求解，但可以用质点系的动量定理进行分析。关于动量守恒，下面继续做几点讨论：

（1）动量是矢量，在空间直角坐标系中有三个分量。上述孤立系统动量守恒的结论对于动量的某一个分量也是成立的，即作用在系统上的外力矢量和在某个方向上为零，那么这个方向上的动量分量守恒；如果系统受到的外力在任意方向都为零，那么总动量在任意方向上的分量也守恒。

（2）孤立系统的动量守恒是牛顿运动定律的直接结论，由此似

乎可以说孤立系统的动量守恒是牛顿力学体系下的自然结果。但是应当指出,在牛顿力学不适用的领域,比如量子力学,相对论等,动量守恒的结论也是成立的;以及自然界还存在有动量但是却没有静质量的电磁场系统。因此人们一般认为,动量守恒定律比牛顿力学更普遍更基本。

◎**例1**:如图4-1所示,自动步枪的质量为3.87 kg,子弹质量为7.9 g,战士以肩窝抵枪水平射击,子弹射出的速率为735 m/s,自开始击发至子弹离开枪管经过0.0015 s,设子弹在枪膛内相对于地球做匀加速运动,求直到子弹离开枪管为止,枪身后坐的距离。

图4-1 例1

**解**:用动量守恒方程求枪后坐速度。将子弹和枪身分别看作质点,并构成质点系,自击发开始到子弹离开枪管为止,质点系所受外力有:重力及战士托枪力,二力平衡;肩窝抵抗力为$F$,子弹和枪身还分别受平均爆发推力,其大小可用$|F'|$表示,在开始击发至子弹离开枪管这一时间间隔内,有$|F| \ll |F'|$,可用动量守恒方程求近似解。

设子弹和枪身质量分别为$m_1$和$m_2$,它们的初速度都是零,它们的末速度分别为$v_1$和$v_2$,有

$$m_1 v_1 + m_2 v_2 = 0$$

选择图4-1所示的坐标系$Ox$,

$$m_1 v_{1x} + m_2 v_{2x} = 0$$

得
$$v_{2x} = -\frac{m_1 v_{1x}}{m_2}$$

◎**例2**:如图4-2所示,设炮车以仰角发射一炮弹,炮车和炮弹的质量分别为$M$和$m$,炮弹的出口速度的大小为$v$,求炮车的反冲速度$V$(炮车与地面之间的摩擦力略去不计。运用动量守恒定律,先要明确哪个是参考系,这样才能正确计算动量)。

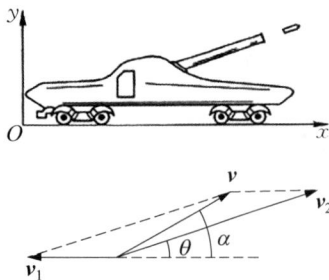
图4-2 炮车及炮弹

**解**:把炮车和炮弹看成一个系统,发炮前,该系统在竖直方向所受的外力有重力$G$和支持力$N$,而且$G = -N$;在发射过程中,上述关系$G = -N$并不时刻成立。系统所受的外力的矢量和不为零,所以这一系统的总动量不守恒。假设忽略炮车与地面之间的摩擦力,则系统所受外力在水平方向的分量之和为零,因而系统沿水平方向的总动量守恒。在发射炮弹前,系统的总动量等于零,系统沿水平方向的总动量也为零,所以在炮弹出口的一瞬间,系统沿水平方向的总动量也应等于零,取炮弹前进时的水平方向为$x$轴正方向,那么

炮弹出口速度(即炮弹相对于炮车的速度)沿 $x$ 轴的分量是 $v\cos\theta$，炮车沿 $x$ 轴的速度分量就是 $-\boldsymbol{V}$。在应用动量守恒定律的表达式时，应该注意式中各个动量必须是对同一参考系而言的。因此，对地面参考系而言，炮弹相对于地面的速度 $\boldsymbol{u}$ 的水平分量为

$$\boldsymbol{u}_x = \boldsymbol{v}\cos\theta - \boldsymbol{V}$$

于是，可以列出动量守恒方程：

$$m(\boldsymbol{v}\cos\theta - \boldsymbol{V}) - M\boldsymbol{V} = 0$$

由此得到炮车的反冲速度为

$$\boldsymbol{V} = \frac{m}{m+M}\boldsymbol{v}\cos\theta$$

◎**例3**：质量为 $m_1$ 和 $m_2$ 的两个小孩，在光滑水平冰面上用绳彼此拉对方。开始时静止，相距为 $l$。问他们将在何处相遇？

**解**：把两个小孩和绳看作一个系统，水平方向不受外力，因此水平方向动量守恒。建立坐标系，以两个小孩距离的中点为原点，向右为 $x$ 轴正方向。开始时质量为 $m_1$ 的小孩坐标为 $x_{10}$，质量为 $m_2$ 的小孩坐标为 $x_{20}$，他们任意时刻的速度分别为 $v_1$ 和 $v_2$，相应的坐标为 $x_1$ 和 $x_2$，相遇时两个小孩的坐标为 $x_c$。

两个小孩在 $t$ 时刻的位置坐标为：

$$x_1 = x_{10} + \int_0^t \boldsymbol{v}_1 \mathrm{d}t$$

$$x_2 = x_{20} + \int_0^t \boldsymbol{v}_2 \mathrm{d}t$$

因为动量守恒

$$m_1\boldsymbol{v}_1 + m_2\boldsymbol{v}_2 = 0$$

将 $\boldsymbol{v}_2$ 代入上式得

$$x_2 = x_{20} - \frac{m_1}{m_2}\int_0^t \boldsymbol{v}_1 \mathrm{d}t$$

当两个小孩相遇时，有 $x_1 = x_2 = x_c$

$$\int_0^t \boldsymbol{v}_1 \mathrm{d}t = \frac{m_2 l}{m_1 + m_2}$$

于是，$t$ 时刻的 $x_1$ 为 $x_c$

$$x_c = x_{10} + \frac{m_2 l}{m_1 + m_2}$$

上式中 $x_c$ 实际上就是两个小孩的质心坐标。即两小孩在纯内力的作用下,将在他们的质心处相遇。运用质心运动定理也可以得到相同的结果。

**思考与讨论:**

动量守恒定律的适用条件是什么?

# 4.2 功、动能及动能定理

## 4.2.1 功与功率

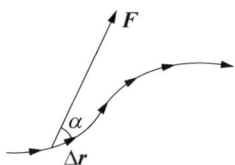

图 4-3 先计算元功,取和后即得总功

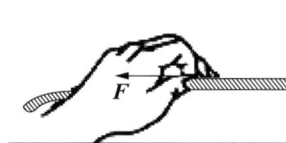

中学阶段功被定义为:力在受力质点位移上的投影与位移的乘积,这是力的方向大小不变且位移沿直线的情况或其他较简单的情况。现在讨论的是变力且质点沿曲线运动的一般情况,科学研究的方法之一是利用已知探讨未知。如将受力质点的路径分成许多小段(图 4-3),每段可视为一方向不变的位移,在这小位移上力也可认为是不变的,如小位移为无穷小量,可认为与轨迹重合,称元位移,力在元位移上的功称元功,我们定义力的元功 $\Delta A$ 等于力 $\boldsymbol{F}$ 与受力质点无穷小位移 $\Delta \boldsymbol{r}$ 的标积:

$$\Delta A = \boldsymbol{F} \cdot \Delta \boldsymbol{r} = |\boldsymbol{F}||\Delta \boldsymbol{r}|\cos\alpha \qquad (4-14)$$

应当注意:功是一个标量,$\alpha$ 表示力与位移的夹角,$0° \leqslant \alpha < 90°$ 时,力做正功;$\alpha = 90°$ 时,力不做功;$90° < \alpha \leqslant 180°$ 时,力做负功。国际单位制规定 1 N 力使受力点沿力的方向移动 1 m 所做的功作为功的单位,叫作 1 J(焦耳),即 1 J = 1 N·m。 功的另一常用单位为"电子伏",记作"eV",它是 1 V 电压的电场对电子电荷做功的数值,且 $1 \, \text{eV} \approx 1.602\,189\,2 \times 10^{-19}$ J。

值得强调的是:更换受力点不意味受力质点发生位移。如图 4-4 所示,手握住一端固定于墙壁的绳并在绳上滑动,绳上不同点顺次充当摩擦力受力点,但各受力质点均未发生位移,故作用于绳的摩擦力不做功。

图 4-4 更换受力质点,但受力质点未动,力不做功

若干力 $\boldsymbol{F}_1$、$\boldsymbol{F}_2$、……$\boldsymbol{F}_n$ 作用于一质点,质点位移为 $\Delta \boldsymbol{r}$。根据矢量标积的分配律,有

$$A = \left(\sum \boldsymbol{F}_i\right) \cdot \Delta \boldsymbol{r} = \sum (\boldsymbol{F}_i \cdot \Delta \boldsymbol{r}) \qquad (4-15)$$

即合力做的功等于分力所做功的代数和。

上文研究力在长路径某无穷小元位移上做的功,现在研究用积分描述受力质点在有限路径上的功,如图4-5,讨论力 $\boldsymbol{F}$ 自 $r_0$ 沿曲线至 $r_i$ 做的功。将受力点的运动看作由许多元位移 $\Delta r(i=1,$ $2,\cdots,n)$ 组成,力的元功为 $\Delta A = \boldsymbol{F} \cdot \Delta \boldsymbol{r}$,总功近似等于

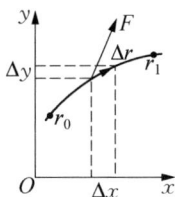

图4-5　力沿曲线做功

$$A \approx \sum_{i=1}^{n} \boldsymbol{F}_i \cdot \Delta_i \boldsymbol{r} \qquad (4-16)$$

元位移数目无限增多而每一元位移均趋于零,则该和式的极限给出功的精确值

$$A = \lim_{\substack{\Delta_i \to 0 \\ n \to \infty}} A \approx \sum_{i=1}^{n} \boldsymbol{F}_i \cdot \Delta_i \boldsymbol{r} \qquad (4-17)$$

该和式的极限称为力 $\boldsymbol{F}$ 沿曲线自 $r_0$ 至 $r_1$ 的线积分,记作

$$A = \int_{r_0}^{r_1} \boldsymbol{F} \cdot \mathrm{d}\boldsymbol{r} \qquad (4-18)$$

它意味着变力的功等于元功之和。在直角坐标系中功可以表示为

$$A = \int_{x_0 \cdot y_0}^{x_1 \cdot y_1} \boldsymbol{F}_x \, \mathrm{d}\boldsymbol{x} + \boldsymbol{F}_y \, \mathrm{d}\boldsymbol{y} \qquad (4-19)$$

该式右方表示两积分 $\int_{x_0 \cdot y_0}^{x_1 \cdot y_1} \boldsymbol{F}_x \, \mathrm{d}\boldsymbol{x}$ 和 $\int_{x_0 \cdot y_0}^{x_1 \cdot y_1} \boldsymbol{F}_y \, \mathrm{d}\boldsymbol{y}$ 的和,它们分别表示力沿 $x$ 轴和沿 $y$ 轴做功的代数和。

若质点沿 $x$ 轴运动,则有

$$A = \int_{x_0}^{x_1} \boldsymbol{F}_x \, \mathrm{d}\boldsymbol{x} \qquad (4-20)$$

即功等于力在坐标轴上的投影和质点元位移的乘积的积分。

如图4-6,在极坐标系中点的坐标为 $(r, \theta)$,每点均可引入径向单位矢量 $\boldsymbol{e}_r$ 和法向单位矢量 $\boldsymbol{e}_\theta$。质点所受力以及对应的元位移 $\Delta \boldsymbol{r}$ 在极坐标系中分别向 $\boldsymbol{e}_r$ 和 $\boldsymbol{e}_\theta$ 投影,得 $\boldsymbol{F} = \boldsymbol{F}_r \boldsymbol{e}_r + \boldsymbol{F}_\theta \boldsymbol{e}_\theta$ 及 $\Delta \boldsymbol{r} = \Delta r \boldsymbol{e}_r + r\Delta\theta \boldsymbol{e}_\theta$,力的元功为:

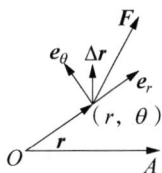

图4-6　极坐标

$$\mathrm{d}A = (\boldsymbol{F}_r \boldsymbol{e}_r + \boldsymbol{F}_\theta \boldsymbol{e}_\theta) \cdot (\mathrm{d}r \boldsymbol{e}_r + r\mathrm{d}\theta \boldsymbol{e}_\theta) \qquad (4-21)$$
$$= \boldsymbol{F}_r \, \mathrm{d}r + \boldsymbol{F}_\theta r \, \mathrm{d}\theta$$

此即极坐标系中功的表示式。在 $\Delta t$ 时间内力所做的功为 $\Delta A$。则

$$\bar{P} = \frac{\Delta A}{\Delta t} \qquad (4-22)$$

称作力在 $\Delta t$ 时间内的平均功率。当时间 $\Delta t$ 趋于零时,力的平均功率的极限叫作力的瞬时功率:

$$P = \lim_{\Delta t \to 0} \frac{\Delta A}{\Delta t} = \frac{dA}{dt} \qquad (4-23)$$

将 $dA = \boldsymbol{F} \cdot d\boldsymbol{r}$ 代入上式,得

$$P = \boldsymbol{F} \cdot \boldsymbol{v} = |\boldsymbol{F}||\boldsymbol{v}|\cos\theta \qquad (4-24)$$

其中 $\theta$ 是矢量 $\boldsymbol{F}$ 与矢量 $\boldsymbol{v}$ 的夹角,即力的功率等于力与受力点速度的标积。

功率的单位由功和时间的单位或者由力与速度的单位来决定。国际单位制规定:若力在 1 s 内做功 1 J,则功率为 1 W(瓦特)。

**思考与讨论:**

功和功率的联系和区别是什么?

## 4.2.2 几种常见的力做的功、保守力、势能

### 1. 重力做功

重力是恒力,沿竖直向下方向($z$ 轴方向),设物体的初始高度为 $h_1$,末态高度为 $h_2$,则重力做的功为:

$$A = \int_{h_1}^{h_2} m\boldsymbol{g}\,dz = mg(h_2 - h_1) \qquad (4-25)$$

### 2. 弹力做功

弹力是变力,满足胡克定律 $\boldsymbol{F} = -k\boldsymbol{x}$,设物体在弹力的作用下从位置 $x_1$ 移动到位置 $x_2$,弹力做功为

$$A = -\int_{x_1}^{x_2} k\boldsymbol{x}\,d\boldsymbol{x} = \frac{1}{2}k(x_1^2 - x_2^2) \qquad (4-26)$$

参考图 4-7,弹簧一端固定,另一端与一质点相连,弹簧劲度系数为 $k$。求质点由 $x_0$ 运动至 $x_1$ 时弹簧弹性力所做的功。$Ox$ 坐标系原点位于弹簧自由伸展时质点所在位置。

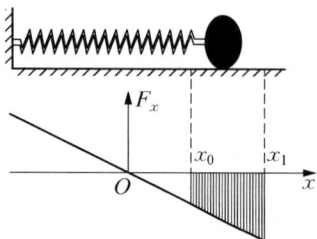

图 4-7 图中阴影面积表示弹性力的功

### 3. 万有引力做功

万有引力也是变力,我们以地球为例,根据万有引力,距离地心 $r$ 处的万有引力大小为

$$\boldsymbol{F} = -G\frac{Mm}{r^2} \qquad (4-27)$$

其中 $M$ 为地球质量,取径向向外为正向,设一物体在引力场中初末位置的径向坐标为 $r_1$ 和 $r_2$,则万有引力做功为

$$A = GMm \int_{r_1}^{r_2} \frac{\mathrm{d}r}{r^2} = -GMm \left( \frac{1}{r_1} - \frac{1}{r_2} \right) \qquad (4-28)$$

上面几种力的功的共同点是力所做的功仅仅依赖于物体的始末位置,和质点经过的路径无关。如果用 $a$、$b$、$c$、$d$ 表示某闭合路径上的相邻的点,那么力沿闭合路径所做的功为零可以表示为

$$A_{abcda} = 0 \qquad (4-29)$$

这与做功仅取决于始末位置而与路径无关的结论是相等的。若力所做的功仅由受力质点始末位置决定而与受力质点所经过的路径无关,或者说此力沿闭合路径所做的功等于零,这种力就叫作保守力。重力、弹簧弹性力、万有引力、静电场力均系保守力。对于保守力,受力质点始末位置一定,力的功便确定了。因此,可以找到一个位置函数,并使这个函数在始末位置的增量恰好决定于受力质点自初始位置通过任何路径达到终止位置保守力做的功,而该函数即下面要提出的势能记作 $E_p$。

由此可知:

(1) 重力势能的表达式为 $E_p = mgh$,其中 $h$ 为物体距零势能面的高度;

(2) 弹性势能的表达式为 $E_p = \frac{1}{2}kx^2$,其中 $x$ 为弹簧的形变量;

(3) 引力势能可写为 $E_p = -GMm \frac{1}{r}$,其中 $r$ 是两质点的距离。

用 $E_{p0}$ 和 $E_p$ 分别表示质点在始末位置的势能,用 $A_{保}$ 表示自始位置到末位置保守力的功,则

$$E_p - E_{p0} = -A_{保} \qquad (4-30)$$

表明与一定保守力相对应的势能的增量等于保守力所做功的负值,即势能定义。若保守力做正功,则势能减少,若保守力做负功,则势能增加。例如将质点举高,重力与质点运动方向相反,重力做负功,重力势能增加;若质点自高处下落,重力做正功,则重力势能减小。

前面关于势能的定义是就势能增量来叙述的,现在问对应于某一位置的势能是多少。通常把势能等于零的空间点叫作势能零点,它是人为规定的。若规定计算保守力做功的起始位置为势能零点,

即 $E_{p0}=0$，那么终止位置的势能为

$$E_p = -A_保 \qquad (4-31)$$

即一定位置的势能在数值上等于从势能零点到此位置保守力所做功的负值，这可以看作是势能定义的另一种叙述。

由以上的计算过程可以总结出势能的计算方法：

$$E_p = \int_a^{b(势能零点)} \boldsymbol{F} \cdot \mathrm{d}\boldsymbol{r} \qquad (4-32)$$

因为势能零点的选定可以是任意的，所以在处理问题时，我们一般选择地平面为重力势能的零点；有时为了方便计算，也可以选择我们所在楼层的地板平面为势能零点。弹性势能的零点一般选为弹簧形变为零时的位置。引力势能的零点一般选为无穷远处。

关于势能，作如下讨论：因势能与质点间的保守力相联系，故势能属于以保守力相互作用的质点系，例如重力势能属于地球和受重力作用的质点所共有，弹簧弹性势能属于弹簧和相连质点所共有。为了方便常采用"重力场中某质点的势能"等简略说法。按照经典电磁学，静电势能应属于静电场所有，电磁能应为电磁场所有，否则就难以解释通过电磁波在空间传播电磁能。不过，在经典力学中并不涉及这类问题，可视静电势能为相互作用的电荷所共有。

把足球看作质点，试研究足球和地球共有的势能，首先当然要提到重力势能。此外，应把地球看作由许多质点组成，除足球和地球之间的重力势能外，还有组成地球各质点间的引力势能，后者是属于地球本身所固有的，足球和地球这一质点系的总势能等于重力势能和地球固有势能的和。不过我们通常感兴趣的只是足球和地球共有的重力势能，在总势能中，地球固有势能仅以常量出现，可将它置于势能表示式的任意常量中，一般说来，当将诸物体视作质点系并讨论势能时，仅需考虑和所研究的运动有关的那部分势能。

根据式 4-32，用 $\mathrm{d}E_v$ 和 $\mathrm{d}A_保$ 分别表示势能的微分和保守力的元功，有

$$\mathrm{d}E_v = -\mathrm{d}A_保 \qquad (4-33)$$

另外，动能与功的概念不能混淆。质点的运动状态一旦确定，动能就唯一地确定了，动能是运动状态的函数，是反映质点运动状态的物理量。而功是和质点受力并经历位移这个过程相联系的，"过程"意味着"状态的变化"，所以功不是描写状态的物理量，它是过程的函数。可以说处于一定运动状态的质点有多少动能，但说某

质点具有多少功就没有任何意义。

◎**例 4**:已知地球的半径为 $R$,质量为 $M$,现有一质量为 $m$ 的物体,在离地面高度为 $2R$ 处,以地球和物体为系统,求:

(1) 若取无穷远处为引力势能零点时,系统的引力势能为多少?

(2) 若取地面为引力势能零点时,则系统的引力势能又是多少?

**解**:取无穷远为引力势能零点

$$E_p = \int_{2R}^{\infty} -\frac{GMm}{r^2} dr = -\frac{GMm}{2R}$$

取地面为引力势能零点

$$E_p = \int_{2R}^{R} -\frac{GMm}{r^2} dr = \frac{GMm}{R}$$

**思考与讨论:**

保守力的特点有哪些?

## 4.2.3 动能及动能定理

根据质点运动中满足牛顿第二定律

$$\boldsymbol{F} = m\frac{d\boldsymbol{v}}{dt} \tag{4-34}$$

两边同时点乘 $d\boldsymbol{r}$,得到

$$\boldsymbol{F} \cdot d\boldsymbol{r} = m\frac{d\boldsymbol{v}}{dt} \cdot d\boldsymbol{r} = md\boldsymbol{v} \cdot \boldsymbol{v} \tag{4-35}$$

利用 $\boldsymbol{v} \cdot d\boldsymbol{v} = \frac{1}{2}d(\boldsymbol{v}^2)$ 改写为

$$\boldsymbol{F} \cdot d\boldsymbol{r} = d\left(\frac{1}{2}m\boldsymbol{v}^2\right) \tag{4-36}$$

定义 $T = \frac{1}{2}m\boldsymbol{v}^2$ 为质点的动能,那么上式就可以理解为,质点在做有限位移时,合外力 $\boldsymbol{F}$ 对质点做的总功就等于一路上质点增加的总动能。即

$$A = \int \boldsymbol{F} \cdot d\boldsymbol{r} = \frac{1}{2}m\boldsymbol{v}^2 - \frac{1}{2}m\boldsymbol{v}_0^2 = T - T_0 \tag{4-37}$$

这就是质点动能定理。这条定理本质上是能量守恒在牛顿力学范畴内的一种表述,它告诉我们,一个质点系如果与外界无相互作

用,则该系统必定能量(动能)不变;如果与外界有相互作用,外界将通过力对系统做功,其结果必然是系统(质点)能量(动能)发生改变,动能的时间变化率等于外力对系统做功的功率,或者说,动能的增量等于外力做的功。

上述定理阐明了单质点在合外力作用下的动能变化规律,这是力的空间累计效应,现在我们把这一结论推广到一般的质点系统中。由 $N$ 个质点组成的质点系,每个质点都有一个动能定理,作用在质点上的力,既可以是内力,也可以是外力。在质点运动时,这些力都可能会做功。把这 $N$ 个质点的 $N$ 个动能定理方程相加,得到:

$$A_外 + A_内 = \sum_{i=1}^{N} \frac{1}{2} m_i \boldsymbol{v}_i^2 - \sum_{i=1}^{N} \frac{1}{2} m_i \boldsymbol{v}_{i0}^2 = T - T_0$$

$$(4-38)$$

此式表示作用于质点系所有外力做功之和加上所有内力做功之和等于质点系总动能的增量。这就是质点系的动能定理。

应该指出的是,质点系的内力对质点系总动量的改变没有贡献,但内力的作用一般会改变系统的总动能。这是因为成对出现的内力作用时间总是相对系统内力来说,自然也分为保守力和非保守力。所以内力所做的功也可以分两个部分来讨论:保守内力做的功 $A_{内保}$ 和非保守内力做的功 $A_{内非保}$,其中保守内力成对出现,且大小相等,故其冲量的矢量和必为零;而以内力相互作用的两质点的沿连线方向的位移一般并不相同,故其做功之和不能相互抵消。有一特例,如果质点系是一个刚体,内力做功之和为零。这是因为在运动中刚体内任意两质点之间的距离保持不变,则沿任意两质点连线方向的一对作用力做功之和必为零。

◎**例5**:火车以不变的速度 $\boldsymbol{v}$ 向前运动。在其中一节车厢内的光滑桌面上有一轻质弹簧,一端固定在车厢的壁板上,现用手将弹簧压缩一段距离,然后把质量为 $m$ 的物体与弹簧的自由端靠在一起(不连接),如图4-8所示。放手后,物体受弹力作用在桌面上运动,离开弹簧时(仍在桌面上)对车厢的速度为 $\boldsymbol{v}'$,问:从放手到物体离开弹簧瞬间,车厢壁板对弹簧的作用力做了多少功?

**解**:在火车参考系中,物体与弹簧组成一个弹性振子系统,设弹簧对物体做功 $A$,则根据动能守恒,有:

$$A = \frac{1}{2} m \boldsymbol{v}'^2$$

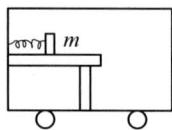

图4-8　例5

回到地面参考系中,壁板对弹簧系统做的功 $W$ 加上弹簧弹性力做的功(弹性势能的释放)等于物体动能的增加,即

$$W + A = \frac{1}{2}m(v' + v)^2 - \frac{1}{2}mv^2$$

得

$$W = mvv'$$

## 4.3 功能原理及机械能守恒

### 4.3.1 功能原理

前面我们已经学过,若力满足做的功大小只与物体的始末位置有关,而与物体运动的路径无关要求,这类力叫作保守力。重力、弹性力都是常见的保守力。对于不满足上述要求的力即为非保守力,例如摩擦力。

对系统内力来说,自然也分为保守力和非保守力。所以内力所做的功也可以分两个部分来讨论:保守内力做的功 $A_{内保}$ 和非保守内力做的功 $A_{内非保}$,其中保守内力的功总可以用系统势能的增量负值来表示,即

$$A_{内保} = -\Delta E_p \tag{4-39}$$

这样,上一节的动能定理就可以改写为

$$A_外 + A_{内非保} = \Delta T + \Delta E_p = \Delta E \tag{4-40}$$

其中动能和势能的增量之和 $\Delta T + \Delta E_p$ 即为系统机械能的增量 $\Delta E$。上式表明,当系统从状态 1 变化到状态 2 时,它的机械能的增量等于外力做的功与非保守内力做的功的总和。这个结论就叫作系统的功能原理。

在机械运动范围内,我们所讨论的能量只有动能和势能。由于物质运动形式的多样化,我们还将遇到其他形式的能量,如热能、电能、原子能等。

一般系统除机械能以外,还可能具有其他形式的能量,系统的能量应是机械能及其他形式能量的总和。但是如果不考虑系统和外界热交换的情形,并假定外界对系统的所有作用,只有作用在这

系统上的外力,则外力对系统所做的总功,就等于系统总能量的增量,当外力对系统的总功为正时,系统的总能量增加;反之,系统的总能量减少。令 $A_{外}=0$,此时有 $A_{内非保}=\Delta E$,即非保守内力做的功将引起系统机械能的变化,如果 $A_{内非保}>0$,说明系统内部将有其他形式的能量转换成机械能。例如,在射击时,火药的化学能转变成子弹和枪身的机械能;如果 $A_{内非保}<0$,说明系统内机械能通过内力做功转变成其他形式的非保守内能。例如,在内部有摩擦时,机械能将转变成内能。

**思考与讨论:**

功能原理的基本内容。

## 4.3.2 机械能守恒

机械能守恒

在上一小节功能原理的基础上,如果质点系统所受外力做的功与非保守内力做的功之和始终为零,即当 $A_{外}+A_{内非保}=0$ 时,有 $\Delta E=0$,即机械能为一恒量,称为机械能守恒定律。

◎**例6**:如图 4-9 所示,一轻弹簧,其一端系在垂直放置的圆环的顶点 $P$,另一端系一质量为 $m$ 的小球,小球穿过圆环并在环上运动($\mu=0$)。开始球静止于点 $A$,弹簧处于自然状态,其长为环半径 $R$;当球运动到环的底端点 $B$ 时,球对环没有压力。求弹簧的劲度系数。

**解:**以弹簧、小球和地球为一系统,在 $A$ 到 $B$ 的过程中只有保守内力做功,因此系统机械能守恒,取 $B$ 为重力势能零点,有

$$\frac{1}{2}mv_B^2+\frac{1}{2}kR^2=mgR(2-\sin 30°)$$

根据题中条件

$$kR-mg=m\frac{v_B^2}{R}$$

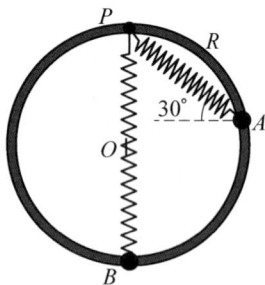

图 4-9 圆环上的小球

联立解得

$$k=\frac{2mg}{R}$$

$A_{内非保}<0$,说明系统内机械能通过内力做功转变成其他形式的非保守内能。例如,在内部有摩擦时,机械能将转变成内能。

**思考与讨论:**

机械能守恒的条件是什么?

## 4.4　碰撞与功能转换

### 4.4.1　碰撞的基本定理

碰撞是相当广泛的一类物体间的相互作用。处理这类问题是动量守恒定律最重要的应用之一。

碰撞有两个特点：首先，碰撞的短暂时间内相互作用很强，可不考虑外界影响。另外，碰撞前后状态变化突然且明显，适合用守恒律研究运动状态的变化。从运动学角度即碰撞速度方向来讲，碰撞分为正碰和斜碰。若两球碰撞前的速度矢量都沿着两球的连心线，则在碰撞后它们的速度矢量也必然沿着两球连心线的方向，这样的碰撞叫作球的对心碰撞或正碰。如果两球相碰之前的速度不沿它们的中心连线，叫作球的非对心碰撞或斜碰。本课程只考虑正碰情况。从能量角度来讲，碰撞分为完全弹性碰撞，非完全弹性碰撞和完全非弹性碰撞。若碰撞前后总的动能相同，则称为完全弹性碰撞，这类情况下碰撞过程机械能守恒。对于两物体碰撞，如果碰撞后以共同速度运动，则称为完全非弹性碰撞，这类情况下，碰撞后机械能损失最多。一般的碰撞介于完全弹性碰撞和完全非弹性碰撞之间，即能量有一定损失，但不是损失最多，这种情况称为非完全弹性碰撞。

设质量分别为 $m_1$ 和 $m_2$ 的两平动小球，碰前速度分别为 $u_1$ 和 $u_2$，碰后速度为 $v_1$ 和 $v_2$，因作用时间极短，有限外力的冲量可以忽略不计，体系动量守恒。两小球碰撞过程动量守恒，有方程

$$m_1 u_1 + m_2 u_2 = m_1 v_1 + m_2 v_2 \tag{4-41}$$

如果碰撞是完全弹性碰撞，还有动能守恒方程

$$\frac{1}{2} m_1 u_1^2 + \frac{1}{2} m_2 u_2^2 = \frac{1}{2} m_1 v_1^2 + \frac{1}{2} m_2 v_2^2 \tag{4-42}$$

两个方程联立可得

$$u_1 - u_2 = v_2 - v_1 \tag{4-43}$$

即碰前接近速度等于碰后分离速度，继续联立以上两个一次方程，可以解得

$$v_1 = \frac{m_1 - m_2}{m_1 + m_2} u_1 + \frac{2 m_2}{m_1 + m_2} u_2 \tag{4-44}$$

$$v_2 = -\frac{m_1-m_2}{m_1+m_2}u_2 + \frac{2m_1}{m_1+m_2}u_1 \tag{4-45}$$

可以发现,当 $m_1=m_2$ 时,$v_1=u_2$,$v_2=u_1$,即两球相互交换速度。

在近代物理实验中,往往采用加速某一粒子轰击靶粒子的方法,此时靶粒子可以认为静止不动,即 $u_2=0$,有以下结论:

(1)当 $m_1>m_2$ 时,$v_1>0$,入射粒子碰后仍向前运动,极限情形下,即 $m_1 \gg m_2$ 时,$v_1=u_1$,$v_2=2u_1$,即大球几乎保持碰前速度前进,而原静止小球以两倍于大球的速度前进。

(2)当 $m_1<m_2$ 时,$v_1<0$,入射粒子碰后反向运动。极限情形下,即 $m_1 \ll m_2$ 时,$v_1=-u_1$,$v_2=0$,即碰后大球几乎不动,小球以与碰前相等的速率返回。

(3)当 $m_1=m_2$ 时,$v_1=0$,$v_2=u_1$,即前面已得到过的两球交换速度。

**思考与讨论:**

弹性碰撞与非弹性碰撞的区别是什么?

## 4.4.2 功能转换

碰撞的本质是物体间动量的转移,表现在运动形式上就是机械运动形式的改变。因此碰撞过程中,系统动量一定守恒,但是机械能(动能)却不一定守恒。接下来我们讨论完全非弹性碰撞和非完全弹性碰撞中的功能转换关系。

对于一般的非弹性正碰,动量守恒成立,但动能不再守恒,或者说碰后相对分离速度不再等于碰前相对接近速度。实验指出,一般非弹性碰撞的碰后相对分离速度与碰前相对接近速度满足关系

$$v_2-v_1 = e(u_1-u_2) \tag{4-46}$$

其中 $e$ 被称为弹性恢复系数,它仅与物体的质料(相应的弹性)有关。对于完全弹性体,$e=1$,例如象牙接近于此值;对于完全非弹性体,$e=0$,例如黏泥;一般非弹性体,$0<e<1$。上式也被称为碰撞定律。引入弹性恢复系数 $e$ 后,我们可以进一步定量计算两物体非弹性碰撞的分离速度

$$v_1 = \frac{m_1-em_2}{m_1+m_2}u_1 + \frac{(1+e)m_2}{m_1+m_2}u_2 \tag{4-47}$$

$$v_2 = -\frac{em_1-m_2}{m_1+m_2}u_2 + \frac{(1+e)m_1}{m_1+m_2}u_1 \tag{4-48}$$

碰撞后损失的动能为：

$$\Delta E = \frac{1}{2}m_1\boldsymbol{u}_1^2 + \frac{1}{2}m_2\boldsymbol{u}_2^2 - \frac{1}{2}m_1\boldsymbol{v}_1^2 - \frac{1}{2}m_2\boldsymbol{v}_2^2 \tag{4-49}$$

$$= \frac{1}{2}(1-e^2)\frac{m_1 m_2}{m_1+m_2}(\boldsymbol{u}_1-\boldsymbol{u}_2)^2$$

令 $\dfrac{m_1 m_2}{m_1+m_2} = \mu$，称为两物体的折合质量，有

$$\Delta E = \frac{1}{2}(1-e^2)\mu(\boldsymbol{u}_1-\boldsymbol{u}_2)^2 \tag{4-50}$$

由上式可知，对于完全弹性碰撞 $e=1$，$\Delta E=0$ 机械能（动能）守恒；对于完全非弹性碰撞 $e=0$，$\Delta E = \dfrac{1}{2}\mu(\boldsymbol{u}_1-\boldsymbol{u}_2)^2$，此时机械能（动能）损失最大。

**思考与讨论：**

重力在一个过程中对物体所做的功等于这个过程中重力势能的变化量的负值，这个说法正确吗？

# 4.5　动量与动能应用

火箭发射是动量守恒定律的一个很好的应用：火箭在飞行时，它在飞行的反方向不断喷出大量高速气体，使火箭在飞行方向上获得很大的动量，从而获得巨大的前进速度。因为上述一切并不依赖于空气的作用，所以火箭可在空气稀薄的高空或宇宙空间飞行。假设火箭在宇宙深空飞行，空气阻力和重力忽略不计，设在某一瞬时 $t$ 火箭的质量为 $m$ 速度为 $\boldsymbol{v}$，在其后 $t$ 到 $t+\mathrm{d}t$ 的时间内，火箭喷出了质量为 $\mathrm{d}m$ 的气体，喷出的气体相对于火箭的速度为 $\boldsymbol{u}$，使火箭的速度增加了 $\mathrm{d}\boldsymbol{v}$。对于火箭和燃气所组成的系统来说，在喷气前，它们的总动量为 $m\boldsymbol{v}$，喷气后，火箭的动量为 $(m-\mathrm{d}m)(\boldsymbol{v}+\mathrm{d}\boldsymbol{v})$，所喷出燃气的动量为 $\mathrm{d}m(\boldsymbol{v}-\boldsymbol{u})$。由于火箭不受外力的作用，系统总动量保持不变。因此，根据动量守恒定律，得到：

$$m\boldsymbol{v} = (m-\mathrm{d}m)(\boldsymbol{v}+\mathrm{d}\boldsymbol{v}) + \mathrm{d}m(\boldsymbol{v}-\boldsymbol{u}) \tag{4-51}$$

上式略去二阶小量，化简得：

$$\mathrm{d}\boldsymbol{v} = \boldsymbol{u}\frac{\mathrm{d}m}{m} \tag{4-52}$$

分级火箭

上式表示火箭每喷射出 $dm$ 的气体,它的速度就增加 $dv$。不妨设火箭的喷气速度 $u$ 为常量,上式积分后可得:

$$v_2 - v_1 = u \ln \frac{m_1}{m_2} \qquad (4-53)$$

此式表明,当火箭的质量从 $m_1$ 减至 $m_2$ 时,火箭的速度相应地从 $v_1$ 增加到 $v_2$。设火箭初速度为零,质量为 $M_0$,燃料耗尽时,火箭剩下的质量为 $M$,此时火箭的理论速度为:

$$v = u \ln \frac{M_0}{M} \qquad (4-54)$$

式中 $M_0/M$ 称为火箭的质量比。

由上式可以看出,在同样的条件下,如果火箭的喷气速度越大,火箭所能达到的速度也就越大;如果火箭的质量比越大,火箭所能达到的速度也就越大。因此,要提高火箭的速度,可采用提高喷气速度和质量比的办法。但这两种办法目前在技术上都有困难,所以,人们一般采用多级火箭来达到提高火箭速度的目的。所谓多级火箭是由几个火箭连接而成的系统:火箭起飞时,第一级火箭的发动机开始工作,推动系统前进,当第一级的燃料烧尽后,第二级火箭的发动机就开始工作,并自动脱落第一级火箭的外壳,因此第二级火箭在第一级火箭的基础上进一步加速,以此类推,达到所需要的最终速度。前一级火箭外壳的脱落,使下一级火箭减轻负担,实际上也就是提高了质量比,因此相比携带同样多燃料的单级火箭来说,多级火箭能达到更高的末速度。

◎**例 7**:一质量为 $m$ 的入射粒子与一质量为 $M$ 静止的靶粒子发生正碰。已知碰后会有定量的能量 $E$ 转移到靶粒子内部(作为靶粒子内能的增值),问入射粒子至少应具有多大的初始动能?

**解**:由题意,该碰撞有能量损失,是非弹性碰撞,损失的能量(动能)即转化为题中靶粒子的内能,考虑 $u_2 = 0$ 的非弹性碰撞机械能损失

$$\frac{1}{2}(1-e^2)\frac{Mm}{M+m}u_1^2 = E$$

$E$ 是常量,当 $e^2$ 取最小值时,入射速度 $u_1$ 也取最小值,对应的动能即为题中所求。因此令 $e=0$,解得 $u_1 = \sqrt{\dfrac{2(M+m)E}{Mm}}$

所以,入射粒子至少具有 $\dfrac{M+m}{M}E$ 的动能。

**思考与讨论:**

生活中有关动能守恒的例子。

## 本章重点知识小结

1. 动量 $p = mv$，物体受到的力 $F$ 等于物体动量的时间变化率。

2. 动量守恒定律：孤立系统(不受外界作用的系统)的动量守恒。

3. 动量定理：所有外力的矢量和等于系统内部所有质点总动量的时间变化率。

4. 常见力做的功及对应的势能表达形式,通过保守力的表达式计算势能：

$$E_p = \int_a^{b(势能零点)} F \cdot dr$$

5. 作用在物体上的力在单位时间内做的功叫作功率,表征做功的快慢。

6. 动能定理：作用于质点的所有外力做功之和等于质点动能的增量；质点系动能定理：作用于质点系所有外力做功之和加上所有内力做功之和等于质点系总动能的增量。

7. 功能原理：系统的机械能增量等于外力做的功与非保守内力做的功的总和。

8. 机械能守恒：不受外力作用且内力均为保守力的系统机械能守恒。

9. 碰撞定律：两物体碰后分离速度与碰前接近速度之比为弹性恢复系数 $e$,$e = 1$ 对应完全弹性碰撞；$e = 0$ 对应完全非弹性碰撞；碰撞中损失的能量取决于 $e$ 和接近速度。

## 练习题

1. 对于一个物体系来说,在下列条件中,(　　　)情况下系统的机械能守恒。

（A）合外力为 0

（B）合外力不做功

（C）外力和非保守内力都不做功

（D）外力和保守内力都不做功

2. 速度为 $v_0$ 的小球与以速度 $v$（$v$ 与 $v_0$ 方向相同,并且 $|v|$ 小于 $|v_0|$）滑行中的车发生弹性碰撞,车的质量远大于小球的质量,则碰撞后小球的速度为(　　　)。

（A）$v_0 - 2v$　　　（B）$2(v_0 - v)$　　　（C）$2v - v_0$　　　（D）$2(v - v_0)$

3. 关于物体的动量,下列说法正确的是(　　　)。

（A）动量的方向一定是物体速度的方向

（B）物体的动量越大,它的惯性也越大

（C）动量大的物体,它的速度一定大

（D）物体的动量越大,它所受的合外力越大

4. 质量分别为 $m$ 和 $4m$ 的两个质点分别以动能 $E$ 和 $4E$ 沿一直线相向运动,它们的总动量大小为(　　　)。

（A）$2\sqrt{2mE}$

（B）$3\sqrt{2mE}$

（C）$5\sqrt{2mE}$

（D）$(2\sqrt{2} - 1)\sqrt{2mE}$

5. 两质量分别为 $m_1$、$m_2$ 的小球,用一劲度系数为 $k$ 的轻弹簧相连,放在水平光滑桌面上,如图所示。今以等值反向的力分别作用于两小球,则两小球和弹簧这系统的(　　　)。

题 5

（A）动量守恒,机械能守恒

（B）动量守恒,机械能不守恒

（C）动量不守恒,机械能守恒

（D）动量不守恒,机械能不守恒

6. 下列关于系统动量守恒说法正确的是(　　　)。

（A）若系统内存在着摩擦力,系统的动量就不守恒

（B）若系统中物体具有加速度,系统的动量就不守恒

（C）若系统所受的合外力为零,系统的动量就守恒

（D）系统所受外力不为零,系统的动量就守恒

7. 力所做的功仅仅依赖于受力质点的始末位置_____,与质点经过的路径_____(填有关/无关)。这种力称为保守力,万有引力是_____,摩擦力是_____(填保守力/非保守力)。

8. 非弹性碰撞的特点_____。

9. 以保守力相互作用的物体系在一定位置状态下所具有的能量叫_____,物体系内部物体间相对位置变化时,保守力做功等于_____。

10. 质点动量定理的微分形式:_____,积分形式:_____。

11. 动能表达式:_____,质点动能定理表达式:_____。

12. 人从大船上容易跳上岸,而从小舟上则不容易跳上岸,这是为什么?

13. 一物体可否只有机械能而无动量?一物体可否只有动量而无机械能?试举例说明。

**14.** 一个质点沿如图所示的路径运行,求力 $\boldsymbol{F}=(4-2y)\boldsymbol{i}$(SI)对该质点所做的功:

(1) 沿 $ODC$;(2) 沿 $OBC$。

**15.** 一力作用在质量为 $3.0\,\mathrm{kg}$ 的质点上。已知质点的位置与时间的函数关系为:$x=3t-4t^2+t^3$。

试求:

(1) 力在最初 $2.0\,\mathrm{s}$ 内所做的功;

(2) 在 $t=1.0\,\mathrm{s}$ 时,力对质点的瞬时功率。

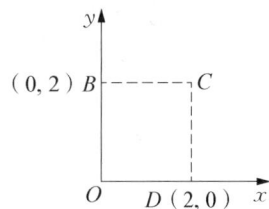

题 14

# 第五章 热学基础

本章我们将开始一个新的课题,它是从物质由大量原子或基本单元组成、它们之间存在着电相互作用、遵循力学定律这种物理观点出发,对物质的性质进行分析的第一部分。前面我们学习的主要是力学,力学是研究质点或质点组系统(质点间的动力学相互作用可做系统描述:刚体、流体)。而在热物理学中,我们通常将其研究对象称为热力学系统。那么问题来了,什么是热力学,什么又是热力学系统?

热力学描述的对象是独立自由度数目极大的宏观系统,例如:一滴水中的分子约为 $\frac{N_A}{360}$,其中 $N_A$ 是阿伏伽德罗常数。热力学是建立在分子运动论的基础上的,热力学描述的是宏观现象,刻画整个系统的状态或者状态的演化,牛顿力学对应于微观的粒子运动。

## 5.1 热与热平衡

在 18 世纪中后期,各国科学家们虽然已经能精准地测量温度,然而由于未能了解热的本质,所以常常将热量与温度混为一谈。例如当时的科学家写下"某物体损失了多少热度",用现代语言来说,他可能想表达的意思是"某物体降低了多少温度",也可能表示"某物体损失了多少热量"。

### 5.1.1 温度与热量

温度与热量是两个不同的概念,温度用来表示物体的冷热程度,而热量则表示不同温度的物体间所传递的热能。当温度不同的物体间有热量传递时,我们说物体间有热接触,而不同温度的物体因热接触而达成一致温度时,则说各物体处于热平衡。温度和热量是物理学中描述热能和热传递的两个重要概念。其中,温度是物体内部微观粒子的平均热运动能量的度量,物体的温度决定了物体内部分子或原子平均动能大小,温度通常用摄氏度(℃)或开尔文(K)表示。温度是一个物体热平衡状态下的宏观性质,是一个对热能状态的定量描述,它与物体内部的微观粒子运动速度和能量分布有关,不同物体的温度可以通过接触而达到热平衡,当两个物体处于热平衡状态时,它们的温度是相等的。

热量是指物体之间由于温度差异而发生的能量传递。当两个物体的温度不同时,它们之间会发生热传递,从高温物体向低温物体传递能量,这个能量的传递过程就是热量的传递。热量的单位是焦耳(J)。热量是一种能量的变化形式,它可以使物体的温度发生变化,或者用于产生功。热量可以通过热传导,热辐射和对流等方式进行传递。

温度和热量是密切相关的。热量是由于温度差异而发生的能量传递,而温度则是描述物体内部微观粒子的平均热运动能量的度量。温度差异是热量传递的驱动力,热量的传递会使物体的温度发生变化。根据热力学第一定律,热量的传递可以使物体的内能发生变化,从而引起物体的温度变化。

温度和热量在日常生活和工程应用中都具有重要的意义。我们在生活中经常接触到温度和热量的变化,如:煮水时水的温度升高,夏天阳光照射地面使其变热等。在工程应用中,温度和热量的控制与调节对于保持设备的正常运行和提高能源利用效率至关重要。例如,空调系统通过热传递控制室内的温度,制冷系统通过热量传递实现冷却效果,锅炉系统通过燃烧释放热量产生蒸汽驱动发电机等。因此,对热量和温度的研究及了解对于工程设计和实际应用具有重要的意义。

## 5.1.2 热容量与比热

早期科学家发现,将质量为 $m_A$、$m_B$,温度为 $t_A$、$t_B$ 的同一物质 $A$、$B$ 混合时,混合物最终表现出的温度为:

$$t = \frac{t_A m_A + t_B m_B}{(m_A + m_B)} \tag{5-1}$$

(5-1)式中,$m_A$、$m_B$ 分别代表 $A$、$B$ 两物体的质量,$t_A$、$t_B$ 分别代表两物体的起始温度。式 5-1 变形得:

$$(t_B - t)m_B = (t - t_A)m_A \tag{5-2}$$

即物体 $B$ 放出的热量等于物体 $A$ 所吸收的热量,物体 $B$ 吸收的热量等于物体 $A$ 所放出的热量,物体在热接触的过程中,总热量保持守恒。将式 5 - 2 左、右两边乘以相同的常数,则等式仍然成立,基于热量守恒的概念以及相关实验的结果,英国科学家布莱克(J. Black,1728～1799)认为:热量的变化 $\Delta Q$ 与物质的质量及其温度的差 $\Delta t$ 成正比。即:

$$\Delta Q = c \Delta t \tag{5-3}$$

通常将物质升高温度 1 摄氏度所需的热量,称为热容量(heat capacity)。布莱克曾将相同质量的水及水银分别与另一物质混合,测量它们混合后的温度发现:使水银升高同样的温度要比水容易得多。假设以同样的质量来讨论的话,升高同样的温度时,水所需的热量要比水银多得多,这意味着不同的物质,即使质量相同,其热容量也不相同。因此:

$$c = sm \tag{5-4}$$

式中 $s$ 为将 1 克物质的温度升高 1 摄氏度所需的热量,称为比热(specific heat),热量的单位是卡(cal),1 卡是使 1 克的水升温 1 ℃ 所需的热量。比热的单位为卡/(克·摄氏度)[cal/(g·℃)],也可写为千卡/(千克·摄氏度)[kcal/(kg·℃)]。

由于各物质的比热差距较大,即使是同一种物质,在不同的温度范围时会有一些差异,表 5 - 1 为常见物质的比热。

表 5 - 1　常见物质的比热

| 物质名称 | 比热[卡/(克·摄氏度)] | 温度范围(摄氏度) |
| --- | --- | --- |
| 水 | 1.000 | 0～100 |
| 冰 | 0.550 | −10～0 |
| 酒精(乙醇) | 0.572 | 20 |
| 铝 | 0.217 | 17～100 |
| 黄铜 | 0.094 | 15～100 |
| 铜 | 0.093 | 15～100 |
| 玻璃 | 0.199 | 20～100 |
| 碳 | 0.168 | 25～80 |
| 铅 | 0.031 | 20～100 |
| 水银 | 0.033 | 0～100 |
| 银 | 0.056 | 15～100 |
| 金 | 0.032 | 0～100 |

**思考与讨论：**

近海洋处的气温变化为什么往往比内陆要小？

冰枕头、暖手袋中都会填充一些特殊物质，这些物质有什么共同的特性？

# 5.2 物质的三态与转化

普遍认为，物质是由原子和分子等大量微观粒子构成的，在一定温度和压强下形成的具有某种稳定结构的粒子聚集态叫作物态，气态、液态与固态是三种常见的物态。随着观察研究的深入发展，人们发现物质远不止三种物态，它们还可以有晶态、非晶态、液晶态、等离子态、超导态、超固态和中子态等，物质从一种物态向另一种物态的转变叫作相变。

三态奇旅

## 5.2.1 汽化与液化

### 1. 汽化

液体中的分子逸出液面向空间扩散的过程叫作汽化。液体中各个分子的速度不同，因而动能也有大有小，即将逸出液面的分子受到液体表面层分子的引力，必须克服这个引力而消耗自己的动能才能逸出。因此，只有那些速度足够高、动能足够大的分子才能逸出液面，液体汽化后，其所剩下的液体分子的平均动能将减小，液体的温度将要降低；汽化时，要维持液体的温度恒定，必须向液体不断传递热量。通常我们将单位质量的液体在给定温度下完全汽化所需的热量叫作汽化热。因液体分子紧密结合的程度在高温时比在低温时差，需要把分子拆散的能量随温度的增加而变小，例如，水在 $10\,℃$ 时的汽化热为 $2.47 \times 10^6\ \text{J/kg}$，在 $100\,℃$ 时为 $2.26 \times 10^6\ \text{J/kg}$，如图 5-1 所示。

### 2. 液化

液化是汽化的逆过程，在液化过程中，蒸气分子相互吸引而凝结为液体，这时要释放出汽化热。当液体盛放在封闭容器中时，液体汽化后，分子留在液面上空，有些会因接触液面而再回到液体中，这时，液化与汽化将同时进行，如果单位时间内离开液体的分子数等

图 5-1 液体的汽化与液化

于从蒸气回到液体中的分子数,这时,宏观的汽化现象就停止了,容器中的蒸气达到饱和,我们把这时蒸气的压强定义为饱和蒸气压。

## 5.2.2　固体的熔化与升华

### 1. 熔化

在一定的温度和压强下,固体将熔化为液体。固体熔化时,分子间的势能增加,因此需要从外界获得能量,如图 5-2。

我们把熔化单位质量的固体所需要的热量,叫作熔化热,又叫熔解热;而当单位质量的液体凝固时,同样的热量将被释放出来。通常,在一定的压强下,将固体熔化的温度叫作熔点。实验证明,固体的熔点随固体的性质不同而不尽相同;对于给定的固体,当压强变化时,熔化热和熔点都有相应的变化。

### 2. 升华

固体也可以不通过熔化而直接变成气体,称为升华;而将气体直接变成固体称为凝华。像液体和蒸气的汽化平衡一样,固体和蒸气也必然会达到升华和凝华的动平衡状态,这时蒸气的压强叫作饱和蒸气压,它也是温度的函数,在三相图上也可画出固体的升华曲线。实际中,我们很少能观察到固体直接升华成气体,这说明大多数固体的饱和蒸气压很小,即升华现象也很不显著;只有少数固体物质如樟脑,在常温下表现出明显的升华现象;另外在北方寒冷的冬天,我们也可以看到冰的升华。物质在相变时所需要的能量,不论是汽化热,还是熔化热,统称为"潜热"。物质在相变时所需要的潜热,有两方面的作用:一是使物质的内能发生变化;二是使单位质量的物质体积变化时,克服恒定的外部压强(大气压)而做功。前者叫作内潜热,后者叫作外潜热。

物质在做物态变化时会有潜热的变化,例如:大气压下的冰熔化成水时,每 1 克要吸收 80 卡的热量,水汽化成水蒸气时,每 1 克要吸收 539 卡的热量;反之,每 1 克的水凝固成冰时,要释放 80 卡的热量,而每 1 克的水蒸气液化成水时,也要释放 539 卡的热量。当然冰在升华时也要吸收热量,只是这种现象不如水的汽化或者凝固那么容易观察得到,所以比较少被提到。如果以 1 标准大气压时 1 克冰变为水再变为水蒸气为例,其温度、物态及所吸收的热量之间的关系,在 1 标准大气压下,冰的熔点为 0 ℃,当热量增加时,一部分冰会变成水,至于有多少冰变成水,这取决于增加的热量。例如:在 1

图 5-2　固体的熔化

标准大气压下,对 1 克 0 摄氏度的冰增加 40 卡的热量,则有 0.5 克的冰会变为水,0.5 克仍保持为冰,在此阶段中,冰水混合物的温度仍保持在 0 ℃,当加入的热量增至 80 卡时,所有的冰都变为水;如果再继续增加热量,那么水的温度将逐渐升高,其温度的增加量与热量的增加量成正比;增加热量高达 180 卡时,水的温度达到沸点,如再增加热量,一部分水将发生汽化反应。有多少比例的水汽化与所增加的热量有关。如果在水沸腾后将热量增加到 539 卡,则所有的水将全部变为水蒸气,此后再加热只会提高水蒸气的温度了。表 5-2 列举了一些常见物质的熔点、沸点及潜热。

表 5-2　常见物质的熔点、沸点及潜热

| 物质名称 | 熔点(摄氏度) | 熔化热(卡/克) | 沸点(摄氏度) | 汽化热(卡/克) |
|---|---|---|---|---|
| 水 | 0 | 80 | 100 | 539 |
| 水银 | −38.8 | 2.84 | 357 | 65 |
| 铜 | 1 083 | 42 | 2 300 | 1 750 |
| 铝 | 660 | 5.85 | 2 450 | 2 720 |
| 铅 | 327 | 5.86 | 1 620 | 175 |
| 氧 | −218 | 3.3 | −183 | 51 |
| 空气 | −212 | 5.50 | −191 | 51 |
| 氮 | −210 | 6.09 | −196 | 48 |
| 氦 | −269.8 | 1.25 | −268.9 | 5 |

### 3. 三态转化

如图 5-3,物质发生熔化、沸腾以及升华时的温度都会受到压力的影响。以水为例:如平地的气压为 1 标准大气压,沸点为 100 ℃,在高山上,压力要比 1 标准大气压低,其沸点也要比 100 ℃低。因此在西藏等高原地区煮食物时不易煮熟,常用高压锅进行烹饪。使用高压锅烹饪食物时,因其内部压力升高,水的沸点也升高,所以食物更容易煮熟,这些都是生活中大家较为熟知的物理现象。但是压力对于冰的熔点的影响却与沸点恰恰相反,随着压力的增加冰的熔点反而会降低,减少压力时熔点则升高。

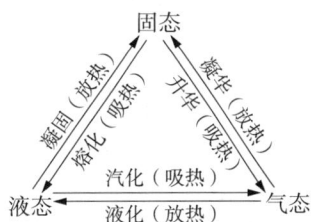

图 5-3　物质三态转化图

从微观上分析,压力为什么会影响物质物态变化时的温度呢?难道是因为压力会影响物质内部分子之间的距离吗?

如果物质在熔化时体积减小(例如:冰化水时),则增加压力会有助于熔化,因此其熔点会降低;反之,压力减小则不利于熔化,熔点会升高。水的沸点情况则恰好相反,水汽化后体积会大大增加,所以增加压力是不利于液体汽化的,沸点会升高;反之,降低压力会有利于汽化的发生,因为沸点会降低。

由于水蒸气与水的体积之差大于同质量水与冰之间的体积差,因此我们可以猜想得到:压力的改变对水沸点的影响大于对其熔点的影响。在发生物态变化时,其压力与温度的关系可以用其三相图来表示。以冰、水及水蒸气为例,其三相图的示意图见图 5-4。图中:

(1) SO 曲线介于固态与气态之间,是固态与气态共存的升华曲线,也就是在此曲线中的任意一点都可以发生固态与气态的物态转化,由图上可以看出当压力增加时,升华的温度也增加。

(2) 经过 O 点及 L 点的曲线介于固态与液态之间,是固态与液态共存的熔化曲线,也就是说在此曲线上任意一点都可以发生固态与液态的物态转化,从图上可以看出当压力增加时,熔点降低了。

(3) 经过 O 点及 K 点的曲线介于液态与气态之间,是液态与气态共存的汽化曲线,此曲线上任意一点都可以发生液态与气态的物态转化,从图上可以看出当压力增加时,沸点也增加了,图中的 K 点及 L 点分别表示 1 大气压下的沸点及熔点。

总之,O 点是三条曲线的交会点。在这一点上,固态、液态以及气态三态共存,彼此之间可以相互转化,这就是三相点。它具有一定的压力以及温度,水的三相点是在 0.006 大气压及 0.01 ℃处,所以水的三相点其温度虽然与 1 大气压时的熔点相近,但是在压力上却有着很大的差别,这一点从图 5-4 上 O、L 两点的位置坐标就可看得很清楚。

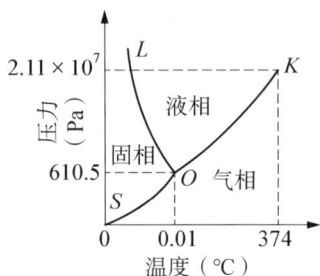

图 5-4　水的三相图

**思考与讨论:**

生活中为了除虫,通常会在衣柜里放入樟脑丸,放置一段时间后,衣柜里会充斥着樟脑丸的味道,而樟脑丸会缩小,这是为什么?

# 5.3　热的本质与膨胀

## 5.3.1　热力学系统

根据热力学系统与外界的关系可以把热力学系统分为开放系

统、绝热系统、封闭系统和孤立系统。

(1) 开放系统就是与外界既可以有物质交换也可以有能量交换的热力学系统;

(2) 绝热系统就是与外界之间不可能有能量交换但可能有物质交换的热力学系统;

(3) 封闭系统就是与外界之间不可能有物质交换但可能有能量交换的热力学系统;

(4) 孤立系统则是与外界既没有物质交换也没有能量交换的热力学系统。

由于开放系统既与外界交换物质又与外界交换能量,具体讨论十分复杂,故在普通物理中,我们主要讨论的是绝热系统、封闭系统和孤立系统。

对于热力学系统,由于外界与系统之间可能有相互作用,系统各部分之间通常也有相互作用,因此,力是热学中的一个重要力学状态参量。因为单位面积所受的正压力为压强,所以热力学系统常见的力学状态参量是压强。压强的基本单位是帕斯卡,用"Pa"来表示。

由于热力学系统中可能有化学反应,从而需要化学状态参量。决定化学反应的重要参量是物质的浓度,即单位体积中物质的量。那么,基本的化学的状态参量就是物质的量或质量。物质的量通常用"摩尔(mol)"表示。

热物理学研究的内容是物质处于热状态下的性质和规律,因此一定涉及直观上可以感知的物体的冷热程度。那么,为了完备地描述热力学系统的宏观状态,需要引入一个表示系统冷热程度的物理量。该表示物体(或系统)冷热程度的状态参量称为"温度"。

热力学系统的状态和性质有状态参量描述。但是,有些情况下,热力学系统并没有确定的状态参量。例如:对一用活动隔板分为左右两部分,左边部分充满气体,右边部分为真空的系统,将活动隔板打开时,左边的气体自由膨胀的过程中,容器中任一处的压强都在随时间变化。因此,该热力学系统没有确定的压强,其状态和性质都不确定,这种状态我们一般称为"非平衡态"。严格来说,在没有外界影响的情况下,系统各部分的宏观性质可以自发地发生变化的状态称为"非平衡态"。在没有外界影响的情况下,系统各部分的宏观性质长时期不发生变化的状态称为"平衡态"。在外界的影

响下，系统的宏观性质长时间不发生变化的状态称为"稳定态"。例如：将一根均匀的金属棒的一端置于很大容器内的冰水混合物中，另一端置于酒精灯上加热，则开始时金属棒上各处的冷热程度会发生变化。经足够长时间后，金属棒上的各处的冷热程度尽管不相同，但不再发生变化，即系统的各部分分别具有各自确定的温度。这一宏观状态虽然可以长时间保持下去，但由于有外界影响，所以这种状态不是平衡态，而是稳定态。

很显然，稳定态与平衡态不同，其区别在于是否存在外界影响。深入的研究表明，经过适当的时间，偏离平衡态不太远的系统——近平衡系统可以达到平衡。热力学系统由初始的非平衡态达到平衡态所经历的时间称为系统的弛豫时间，即使是同一系统，如果初始状态不同，其弛豫时间也会有差异。

由于热力学系统是由处于不停顿的无规则运动状态的大量微观粒子组成的，这些大量微观粒子的无规则运动一定使得系统的宏观性质在不同时刻有小的涨落，并且我们可以证明，如果一系统的物质单元数目为 $N$，则系统宏观性质的涨落幅度反比于 $\sqrt{N}$。因此，系统的宏观性质是会发生变化的。另一方面，描述系统宏观性质的状态参量是相应微观物理量的统计平均值。因此，只要涨落幅度不大，则上述统计平均值在长时期内就保持固定不变，所以平衡态是热动平衡状态。

对于实际的热力学系统，绝对不受外界影响是不可能的。故平衡态是理想化的概念，然而，只要系统的弛豫时间足够小，则在扰动过程中，系统总恢复到原来的条件，即宏观上保持不变。所以，我们可以看到在这种条件下，平衡态可以相当好地实现。

## 5.3.2 热的本质

随着科学技术的发展，到 19 世纪前期，人们发现物质的运动有各种形式，如机械、热、电、磁、化学等，并且这些不同形式之间可以相互转化。之后，经过焦耳的系统实验（如图 5-5、图 5-6 所示）和亥姆霍兹的系统分析总结，到 19 世纪中期，人们意识到，物质的各种运动形式的总能量保持不变，即能量守恒。20 世纪科学家发现的康普顿效应确认在微观世界的过程中能量也守恒。后来又认识到能量守恒是由时间平移不变性决定的。至此，能量守恒成为物理学中普遍的规律。我们可以在这里给出能量守恒定律：自然界中一切

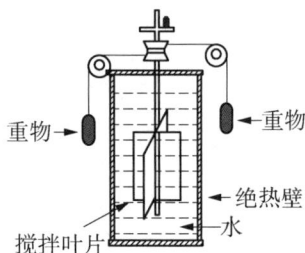

永动机

图 5-5 科学家焦耳

重物　　　重物
绝热壁
水
搅拌叶片
图 5-6 焦耳实验装置示意图

物体都有能量。能量有很多种不同的形式,它能从一种形式转化为另一种形式,从一个物体传递给另一个物体,在转化和传递过程中,能量总和不变。

我们在力学的学习中知道,在外力的作用下,物体的平衡状态会被破坏,从而改变物体的运动状态;并且伴随有以功的形式表现出来的能量转移。对于热力学系统,通常力学平衡条件被破坏时产生的对系统状态的影响称为力学相互作用。在力学中,当物体受到力的作用是广义的力学相互作用,相应的位移是广义位移。我们记热力学所受的广义力为 $F$,引起的广义位移为 $\Delta X$,由力学可知,该过程中力学相互作用对热力学系统所做的功为:

$$\Delta W = F \Delta X \qquad (5-5)$$

以气缸活塞系统为例,气缸中有一截面积为 $S$ 的活塞,其中封有压强为 $p$ 的气体。设活塞外侧的压强为 $p_e$,在 $p_e$ 作用下活塞向内移动距离 $\Delta X$,根据力学知识可知,该过程中外界对气体所做的功为:

$$\Delta W = (p_e S) \Delta X \qquad (5-6)$$

从系统状态来看,其体积减小了 $S\Delta X$,即体积改变为 $\Delta V = -S\Delta X$,所以上式又可以写为:

$$\Delta W = -p_e \Delta V \qquad (5-7)$$

如果活塞与气缸壁之间的摩擦可以忽略不计,上述压缩过程进行得足够缓慢以至于可以看成准静态过程,则外界给气体的外压强 $p_e$ 等于气体的压强 $p$,即 $p_e = p$。那么,上式可以重写为:

$$\Delta W = -p \Delta V \qquad (5-8)$$

这就是无摩擦准静态过程中体积功的做功的表达式。

显然,如果 $\Delta V < 0$,则 $\Delta W > 0$,这表示外界对系统做正功;如果 $\Delta V > 0$,则 $\Delta W < 0$,这表示外界对系统做负功,也就是系统对外界做正功。这种对应说明,通常所说的做功的正负与外界对系统做功还是系统对外界做功直接对应。

热力学系统的平衡态,除了需要满足力学平衡条件外,还应满足热平衡条件和化学平衡条件(一般在物理课程中很少考虑)。当系统与外界存在温差,系统的热平衡条件就被破坏,系统的状态也会随之发生变化。当热力学系统状态的变化来源与热平衡条件被破坏时,我们称系统与外界之间存在热学相互作

焦耳(James Prescott Joule,1818 年 12 月 24 日—1889 年 10 月 11 日),出生于曼彻斯特近郊的沙弗特,英国物理学家,英国皇家学会会员。

由于焦耳在热学、热力学和电方面的贡献,皇家学会授予他最高荣誉的科普利奖章(Copley Medal)。后人为了纪念他,把能量或功的单位命名为"焦耳",简称"焦";并用焦耳姓氏的第一个字母"J"来标记热量以及"功"的物理量。

用。那么,热学相互作用的表现就是外界和系统之间存在温度差。热学相互作用的效果就是有能量从高温的物体传递到低温的物体。通过这种方式传递的能量称为热量。因此,热量是热学相互作用下单随系统状态改变而传递的能量,我们可以说,热的本质是热量。

### 5.3.3　热膨胀

冰箱

物质受热体积会膨胀,这是一个相当普遍的物理现象,有些温度计的设计就是利用物质的热胀冷缩原理,因为体积是长度向三维空间的延伸,所以我们可以理解为体积的膨胀也是因长度的伸长而向三维空间延伸的结果,物质受热时,长度增长的现象称之为线膨胀。实验表明,无论是径直的或者弯曲的细杆,受热时其长度的增长 $\Delta L$ 都与其初始温度时的长度 $L_0$ 成正比,也与其所增加的温度 $\Delta t$ 成正比,即

$$\Delta L \propto L_0 \Delta t \tag{5-9}$$

式 5-9 中 $\Delta t$ 表示细杆所增加的温度,(5-9)还可以表示为

$$L - L_0 = \Delta L = \alpha L_0 \Delta t \text{ 或 } L = L_0(1 + \alpha \Delta t) \tag{5-10}$$

式 5-10 中常数 $\alpha$ 称为线膨胀系数,其意义为:每升高 1 摄氏度,细杆对其初始温度时长度增长的比例。如果温度的计算采取摄氏温标,则 $\alpha$ 的单位为 $1/℃$。

同理,我们可以考虑物质受热后体积的变化,实验显示,物体受热后其体积的变化量表示为 $\Delta V$,与其初始温度时的体积 $V_0$ 成正比,也与其所增加的温度 $\Delta t$ 成正比,即

$$\Delta V \propto V_0 \Delta t \tag{5-11}$$

式 5-11 可写为:

$$\Delta V = \gamma V_0 \Delta t \text{ 或 } V = V_0(1 + \gamma \Delta t) \tag{5-12}$$

式 5-12 中常数 $\gamma$ 称为体膨胀系数,其意义为:每升高 1 度,物体对其初始温度时体积增长的比例。如果温度的计算采取摄氏温标,则 $\gamma$ 的单位为 $1/℃$。

一般而言,线膨胀系数都很小,但对于不同物质的差异很大,表 5-3 中列举出了 0 ℃附近常见物质的线膨胀系数。

表 5-3 常见物质的线膨胀系数

| 物质名称 | $\alpha(1/℃)$ | 物质名称 | $\alpha(1/℃)$ |
|---|---|---|---|
| 铝 | $23.0×10^{-6}$ | 铅 | $29.0×10^{-6}$ |
| 黄铜 | $18.9×10^{-6}$ | 钢 | $11.0×10^{-6}$ |
| 铜 | $17.0×10^{-6}$ | 银 | $18.8×10^{-6}$ |
| 钨 | $4.5×10^{-6}$ | 石英 | $0.4×10^{-6}$ |
| 水银 | $61.0×10^{-6}$ | 锌 | $29.5×10^{-6}$ |
| 玻璃 | $9.0×10^{-6}$ | 金 | $13.9×10^{-6}$ |
| 耐热玻璃 | $3.2×10^{-6}$ | 锡 | $22.5×10^{-6}$ |
| 橡皮 | $80.0×10^{-6}$ | 瓷 | $2.8×10^{-6}$ |
| 冰 | $51.0×10^{-6}$ | 混凝土 | $12.0×10^{-6}$ |

在日常生活中,热膨胀的应用例子很多,前面也提及水银温度计的设计,就用到了热胀冷缩的性质。即使在热膨胀不明确的情况下,有时也会产生很大的影响,例如铁路轨道或者桥梁每隔一段距离就会留一个小空隙(如图 5-7 所示),目的就是避免在热膨胀产生时过度挤压产生形变的结果。又如在套接水管时,可以将一端烧热,使水管口径略微增大,套接完成冷却后,外管口径重新收缩就可使得连接处相当紧密(如图 5-8 所示)。再如一般会闪烁的灯泡及日光灯的制动器,其中就安装了双金属片开关,利用两种金属片的热膨胀系数不同,使金属片在不同温度下产生弯曲、伸直的变化,从而实现开、关的功能。

图 5-7 桥梁伸缩

**思考与讨论:**

一个木块在摩擦力的作用下运动,摩擦力对木块所做的功是否一定都变成了热能?

图 5-8 接水管

# 5.4 理想气体的运动

## 5.4.1 理想气体方程式

这一节,我们比较关心一定质量的理想气体的温度、压强、体积之间有什么样的关系,可否用几个简单的方程来定量描述它们? 答案自然是肯定的。以下实验定律都是建立在前人无数次实验的基础上,实验的前提都是压力(压强)较小,温度较高。

对于理想气体,压强可以理解为大量的气体分子对容器壁的碰撞,这就像雨滴打在伞表面一样,雨虽然是一滴一滴地打在伞上,但是密集的雨点撞击就可以使伞受到一个持续的作用力;理想气体的温度与分子运动的速率有关,即分子运动越剧烈,温度就越高,通过定量计算可以知道,理想气体的热力学温度 $T$ 与分子的平均动能成正比,这也表明,温度是分子平均动能的标志。

在 1662 年,英国科学家玻意耳(R. Boyle,1627—1691,图 5-9)将不等臂 U 形玻璃管短臂的管口封闭,从长臂管口灌入水银,短臂管中水银柱上方的空气因被压缩而体积减小,玻意耳由两臂水银柱的高度差推算出短臂管中,水银柱上方空气压力的增加量。他得到以下结论:一定量的稀薄气体,其体积与压力成反比。

如以 $p$ 代表压强,以 $V$ 代表气体的体积,则定律表示如下。

玻意耳定律:在温度 $T$ 不变的情形下,一定量气体的压强 $p$ 和体积 $V$ 的乘积为一个常数,这个结果要在固定温度下才成立。

$$pV = C \qquad (5-13)$$

如图 5-10 中 $p$-$V$ 曲线所示,等温演化:将系统置于一个大的热库(reservoir)中,并使演化过程(改变 $P$ 和 $V$)足够缓慢——系统总是处于热平衡态。(热库:相对于研究的系统足够大,以至于温度不会被改变)

1787 年,法国科学家查理(J. A. C. Charles,1746—1823)发现了气体体积与温度变化之间的关系:一定量的稀薄气体在压力保持一定时,温度升高,体积也会增加,其体积的增加与温度的增加成正比。当时查理并没有发表他的研究。

查理定律:一定质量的理想气体,在体积不变的情况下,压强 $p$ 与温度 $T$ 成正比,即 $p \propto T$, $p = CT$。

注意,此处的 $C$ 表示一个仅与气体自身有关的常数,与玻意耳定律、查理-盖吕萨克定律中的常数 $C$ 并不相同。(实验装置示意图如图 5-11 所示,曲线示意图如图 5-12 所示)

1801 年法国科学家盖-吕萨克(J. L. Gay-Lussac,1778—1850)也独立地发现了这一结果,并且他还发现:气体因温度升高而体积膨胀时,气体膨胀系数与气体的种类无关,而是一个定值。若以 $V$ 表示气体在 0 ℃时的体积,则在温度为 $t$ 时,其体积为:

$$V = V_0\left(1 + \frac{t}{273.15}\right)$$

图 5-9　英国物理学家玻意耳

玻意耳(Robert Boyle,1627～1691),物理学家、化学家。

他是伦敦皇家学会创始人之一,1663 年被选为英国皇家学会会员,1680 年被选为英国皇家学会会长。

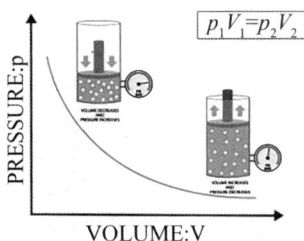

$p_1V_1 = p_2V_2$

PRESSURE:p

VOLUME:V

图 5-10　定温下的 $p$-$V$ 曲线

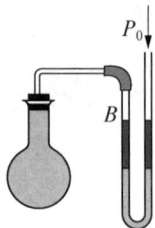

$P_0$

$B$　$A$

图 5-11　查理定律实验装置示意图

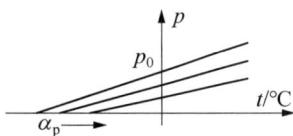

$p$

$p_0$

$\alpha_p$

$t$/℃

图 5-12　$p$-$C$ 曲线

换言之,温度每增加1℃,其体积增加$\dfrac{V_0}{273.15}$。后来,盖-吕萨克在偶然的机会中得知了查理的实验结果,并将其结果公布出来。因此,一定压强下气体体积随温度变化的定律,被称为查理-盖-吕萨克定律(Charles-Gay-Lussac law)。与玻意耳定律一样,这个定律也是对稀薄气体才适用。这样的气体,其分子本身所占之体积与气体所充满的体积相比可以略去,同时由于密度很低,气体的分子之间平均距离较大,它们之间的相互作用也可以忽略不计,这样的气体其分子可看成没有相互作用的质点,称为理想气体(ideal gas)。如果不是理想气体,则玻意耳定律及查理-盖-吕萨克定律并非精确成立,而需要做一些修正。

查理-盖-吕萨克定律:在压强 $p$ 不变的情形下,一定量气体的体积 $V$ 随着温度 $T$ 做线性变化:

$$V = V_0(1 + \alpha_V T) \tag{5-14}$$

其中,$\alpha_V$ 为体积膨胀系数,它并不是一个常数,而是随压强缓慢地变化,我们可以看到等压演化:系统演化过程足够缓慢——系统总是处于热平衡。

对于理想气体,上式还可以继续化简为:

$$V = CT \tag{5-15}$$

即,体积 $V$ 正比于温度 $T$。

有了以上的讨论,我们在这里直接给出体系气体状态方程为:

$$\frac{pV}{T} = \frac{p_0 V_0}{T_0}$$

对于阿伏伽德罗常数个气体分子组成的系统(即 1 mol 理想气体),上式恒等于理想气体常数 $R = 8.314\,\mathrm{J/(mol \cdot K)}$。

气体状态方程的微观解释:对于一定质量的某种理想气体,温度保持不变时,分子的平均动能是一定的。在这种情况下,体积减小时,分子的数密度增大,单位时间内、单位面积上碰撞器壁的分子数就多,气体的压强就大。这是波意耳定律的微观解释。如果温度升高,分子的平均动能增大,只有气体的体积随温度同步增大,才可以保证气体的压强不变,这是查理-盖吕萨克定律的微观解释。

如果体积保持不变,分子的数密度就不变,此时如果温度升高,分子的平均动能增大,气体的压强就会增大,这是查理定律的微观解释。

盖-吕萨克(1778—1850)法国化学家、物理学家。他在物理学方面主要从事分子物理和热学研究,在气体性质、蒸汽压、温度和毛细现象等问题的研究中都作出了出色的贡献,对于气体热膨胀性质的研究成果尤为突出。

## 5.4.2 气体运动论

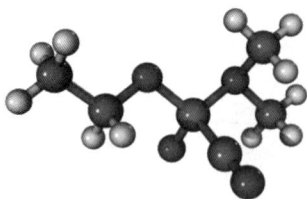

图 5-13 气体分子结构示意图

丹尼尔·伯努利 (Daniel Bernoulli,1700 年 2 月 8 日—1782 年 3 月 17 日),生于荷兰格罗宁根,瑞士人,博士研究生毕业于巴塞尔大学,著名数学家。代表作有《流体动力学》《积分学教程》等。

图 5-14 瑞士物理学家伯努利

早在公元前,科学家就有了原子的观念,认为物质是由一些极其微小的基本单元所组成,但是那时候的原子观念与其说是科学的观念,不如说是一种哲学的思想。(气体分子结构示意图如图 5-13 所示)

到了 17 世纪,近代的原子、分子学论已经开始被提出,此时的分子学说虽然缺少具体而直接的实验论据,但已经形成一种科学观念。玻意耳气体压力的观念提出后,很多科学家都开始尝试以分子运动的观点来解释压力。虎克曾提出一种看法,认为压力的产生是气体分子与容器器壁碰撞的结果。在 1738 年伯努利(图 5-14)就以分子运动的观点,定性说明了玻意耳定律,伯努利认为当体积缩小 $C$ 倍时,容器表面附近气体分子的密度增加为 $C^{\frac{2}{3}}$ 倍,气体分子之间的平均距离缩短了 $C^{\frac{1}{3}}$ 倍,气体碰撞容器器壁的频率也增加为 $C^{\frac{1}{3}}$ 倍,压力与容器器壁表面附近分子的密度及分子碰撞器壁的频率成正比,所以当体积缩小 $C$ 倍时,压力增加 $C$ 倍。然而气体分子运动的理论,或者说气体运动论被用来解释热的现象则比较远,这是因为在 18 世纪及 19 世纪中叶前,热学说普遍被科学家所接受,因此在解释热的现象上不需要用分子运动的观念。事实上,英国科学家瓦特斯顿在 1843 年及 1845 年就提出气体运动论。然而当时热学说仍然被普遍认同,他的论文不是被拒绝发表,就是没有引起注意。等到 19 世纪中叶以后,热的本质被证实是由分子运动而来,热学说被摒弃。自然,分子运动理论就被用来解释有关热的现象。1856 年德国科学家克若尼(A. Krönig,1822~1879)重新提出气体运动论,包括以下三个重点内容:

(1)气体是由分子所构成。

(2)在通常的密度下,气体分子所占的体积与气体所充满占有的容器体积相比,非常小,可以忽略不计。

(3)气体分子可看成具有弹性的小球,彼此之间及小球与器壁之间会产生弹性碰撞,除碰撞瞬间以外,气体分子之间的作用力很小,可以忽略不计。

克若尼的气体运动论,其实与伯努利的理论大致相同,可以说是气体运动论的重现,由于他在当时是非常有名望的科学家,所以气体运动论得到科学界的重视，并得以快速发展。1857 年德国科学家克劳修斯（R. J. E. Clausius，1822～1888）再将统计平均的观念应用到气体运动论中，得到很大的成功。由于分子的数目很大，分子之间互相碰撞，其运动表现出十分复杂的状态，不可能分别用牛顿力学做出仔细的分析。但因分子的运动是随机（random）的，可以用一些合理的假设推算出其各种运动状态的概率，再引入统计平均的观念，可以推算出整体气体分子运动所产生的宏观效果。

## 本章重点知识小结

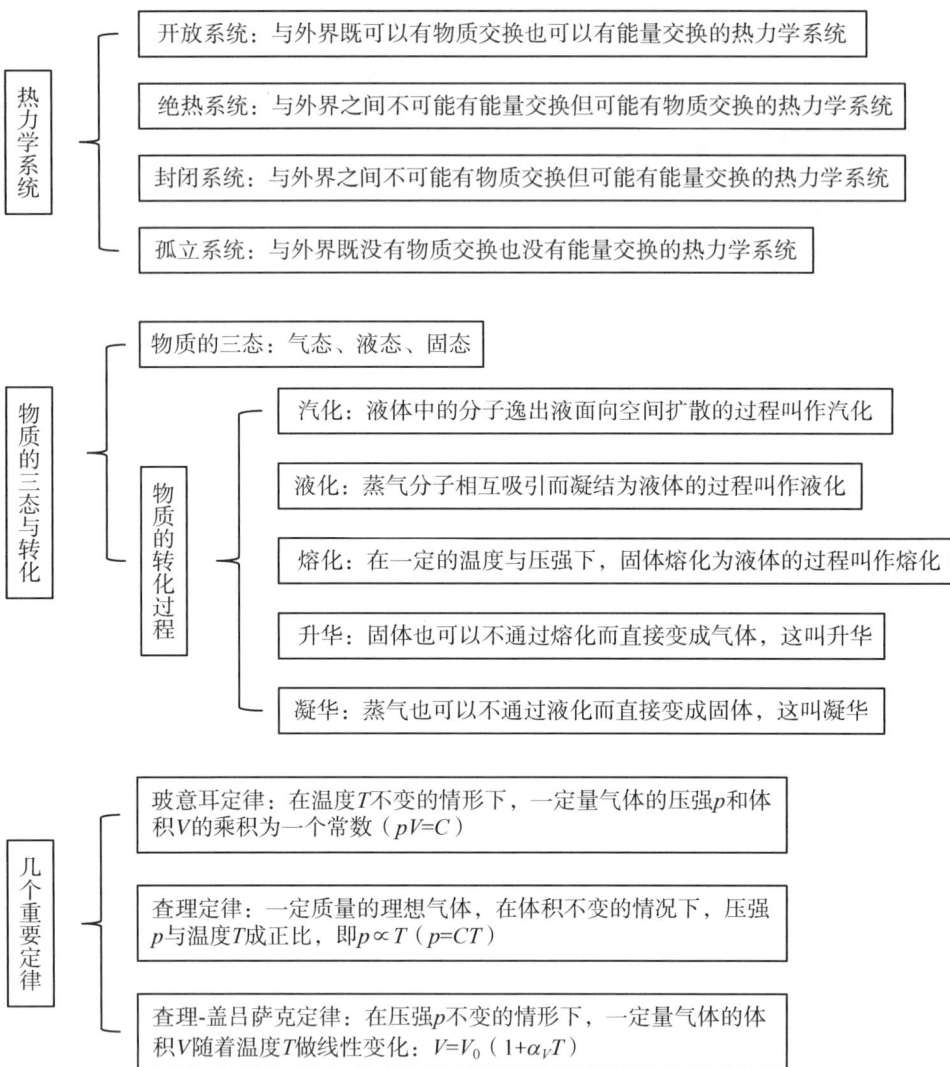

开放系统：与外界既可以有物质交换也可以有能量交换的热力学系统

绝热系统：与外界之间不可能有能量交换但可能有物质交换的热力学系统

封闭系统：与外界之间不可能有物质交换但可能有能量交换的热力学系统

孤立系统：与外界既没有物质交换也没有能量交换的热力学系统

热力学系统

物质的三态：气态、液态、固态

汽化：液体中的分子逸出液面向空间扩散的过程叫作汽化

液化：蒸气分子相互吸引而凝结为液体的过程叫作液化

熔化：在一定的温度与压强下，固体熔化为液体的过程叫作熔化

升华：固体也可以不通过熔化而直接变成气体，这叫升华

凝华：蒸气也可以不通过液化而直接变成固体，这叫凝华

物质的三态与转化

物质的转化过程

玻意耳定律：在温度$T$不变的情形下，一定量气体的压强$p$和体积$V$的乘积为一个常数（$pV=C$）

查理定律：一定质量的理想气体，在体积不变的情况下，压强$p$与温度$T$成正比，即$p \propto T$（$p=CT$）

查理-盖吕萨克定律：在压强$p$不变的情形下，一定量气体的体积$V$随着温度$T$做线性变化：$V=V_0（1+\alpha_V T）$

几个重要定律

## 练习题

1. 请简要解释气体为什么容易压缩，却又不能无限地压缩？

2. 试定性解释：为什么大气中氢的含量极少？（提示：理想气体温度和分子平均动能的关系）

3. 一定质量的理想气体，不同温度下的等温曲线是不同的，请判断图中的两条曲线对应的温度 $T_1$ 和 $T_2$ 哪个更高？

4. 水银气压计中混入一个气泡，使水银柱上方不再是真空，当外界大气压为 768 mm 汞柱时，这个水银气压计显示汞柱高度为 750 mm，此时水银上表面距管顶的距离是 80 mm，问当这个水银气压计示数为 740 mm 时外界的大气压强，假设温度保持不变。

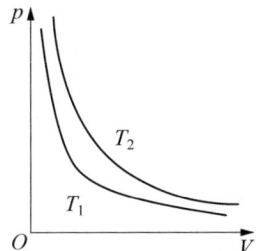
题 3

5. 盛有氧气（视为理想气体）的钢瓶，在 17 ℃ 的室内测得瓶内压强为 $9.31 \times 10^6$ Pa。当钢瓶搬到 −13 ℃ 的室外时，瓶内的压强变为 $8.15 \times 10^6$ Pa，问这个钢瓶是否漏气？

6. 对于一定质量的理想气体，若将它的温度升高到原来的 1.5 倍（按热力学温标计算），同时体积增大为原来的 3 倍，问气体压强变为原来的多少？

7. 对于给定质量的理想气体，能否做到以下各点？请说明理由。

(1) 保持压强和体积不变而改变它的温度。

(2) 保持压强不变，同时升高温度并减小体积。

(3) 保持温度不变，同时增加体积并减小压强。

(4) 保持体积不变，同时增加压强并降低温度。

# 第六章 静 电 场

公元前 600 年左右,古希腊哲学家赛列斯发现琥珀摩擦可以吸引轻小物体。东汉时期王充《论衡》中有"顿牟掇芥,磁石引针"的记载。1819 年奥斯特发现电流对磁针的作用,1820 年安培发现磁铁对电流的作用,而后,随着法拉第电磁感应现象的发现,麦克斯韦建立了麦克斯韦方程组,成功解释并推断了许多的电磁现象,使得电磁学成为了一门完备的学科,电磁学还预言了光是一种电磁波,这使得人类了解了光的本质。

## 6.1 库仑定律

### 6.1.1 电荷、电荷守恒、电荷量子化

电磁相互作用是一种广泛存在的物质之间的相互作用的形式,对于静止的物体而言,电磁相互作用体现为静电力。

电荷是物质的一种属性,它及其在物质中的分布完全决定了物质之间的静电相互作用的形式。电荷可以完全由一个实数描述(这不是一个平凡的性质,强相互作用载荷就不具备这样的性质),我们将这个实数称为电荷量,电荷量为正的电荷被称为正电荷,电荷量为负的电荷被称为负电荷。

通过实验观察,人们了解到了基本的电现象。即同种电荷相互排斥,异种电荷相互吸引;同时,电荷是一个守恒量(感兴趣的同学可以思考一下电荷守恒蕴含了什么样的对称性),一个封闭系统的总电荷量一定是不变的。在保证总电荷量不变的前提下,若一总电荷量为 0 的封闭系统的两个子系统所带的电荷的绝对值不断变大,则是起电现象,反之则是中和现象。另外电荷的取值并不是任意的实数,它必须是一个常数的整数倍,这个常数被称为"元电荷"。在

国际单位制中,电量的单位是"库仑",用英文字母"C"表示,元电荷的电量为 $e = -1.60 \times 10^{-19}$ C,一个电子的电荷量即为 $e$。

## 6.1.2 库仑定律

当两个整体带电的物体相距足够远时(距离远远大于自身线度)可以将该带电物体视作点电荷。与质点模型类似,点电荷也是一种理想的模型。真空中两个静止点电荷之间的相互作用力方向平行于两点电荷的连线,大小与两点电荷距离的平方成反比,与两个点电荷的电荷量的乘积成正比,以相互排斥方向为正方向,自然地,力为负代表两点电荷相互吸引。

以上的结论被称作"库仑定律"。

当空间中存在多个点电荷时,每个点电荷受到的静电力等于其他点电荷单独存在时对该点电荷的作用力的矢量叠加,这被称为"静电力的线性叠加原理"。对于一般的带电体系,我们可以利用微积分的思想将物体无限细分成点电荷,再利用叠加原理求某个带电物体所受的静电力。

# 6.2 电场、电场强度

## 6.2.1 电场

电场是一种同时具有能量、动量和角动量的物质。它由电荷激发,并会对电荷产生作用。电荷之间的相互作用就是通过电场实现的。(在量子电动力学中,电磁相互作用被认为是由光子介导的,光子则是电磁场的一种激发模式)

## 6.2.2 电场强度

由库仑定律和静电力叠加原理我们可以得知,在保证带电的外部环境不变的前提下,一个点电荷受到的静电力和其自身的电荷量成正比。因此我们可以定义一个与点电荷量无关的量用以表征一个带电系统在空间中某点激发的电场的强度,这个量被称为电场强

库仑定律:

$$F = \frac{q_1 q_2}{4\pi\varepsilon_0 r^2} e_r$$

其中:$\varepsilon_0$ 被称为真空介电常数,也被称作真空电容率。真空介电常数的大小为:$\varepsilon_0 = 8.85 \times 10^{-12}$ F/m

真空介电常数和库仑常数的关系为:

$$k = \frac{1}{4\pi\varepsilon_0}$$

电荷守恒定律:

对某系统,如没有净电荷出入其边界,则系统的电荷的代数和保持不变。

静电力叠加原理:

$$F_{tot} = \sum_a F_a$$

度,简称为场强,定义式为:$E = \dfrac{F}{q}$。

实验中可以通过观察电荷量足够小且尺寸足够小的带电物体(试探电荷)的受力来实现对电场强度的测量。要求电荷量足够小是为了保证外部的带电体系不受试探电荷的影响,尺寸足够小是为了使得带电物体可以被视为点电荷。

电场强度:

$$E_a = F/q$$

其中 $F$ 是电荷量为 $q$ 的试探电荷在 $a$ 点所受到的力,$E_a$ 被称为 $a$ 点的电场强度。

## 6.2.3 电场强度的叠加原理与计算

根据电场强度的定义,容易发现存在着和静电力的叠加原理相等价的电场强度的叠加原理,即:$E_{\text{tot}} = \sum\limits_{a} E_a$。结合点电荷的库仑定律,易得:$E_a = \dfrac{q_a}{4\pi\varepsilon_0 r^2} e_r$,可以得出点分布电荷的场强 $E_{\text{tot}} = \sum\limits_{a} \dfrac{q_a}{4\pi\varepsilon_0 r^2} e_r$。对于连续带电的物体可以先将带电体无限细分,每一部分视作是电荷量为 $\mathrm{d}q$ 的点电荷,再对所有微元进行积分以求得总场强,即:$E_{\text{tot}} = \int \mathrm{d}E = \int \dfrac{\mathrm{d}q}{4\pi\varepsilon_0 r^2} e_r$。

为描述连续带电体的电荷分布,我们引入分布函数。针对线分布、面分布或体分布的电荷,我们分别定义线电荷密度 $\lambda = \dfrac{\mathrm{d}q}{\mathrm{d}l}$,面电荷密度 $\sigma = \dfrac{\mathrm{d}q}{\mathrm{d}S}$ 以及体电荷密度 $\rho = \dfrac{\mathrm{d}q}{\mathrm{d}V}$,则分别有:

$$\mathrm{d}q = \lambda\,\mathrm{d}l,\ \mathrm{d}q = \sigma\,\mathrm{d}S,\ \mathrm{d}q = \rho\,\mathrm{d}V$$

给定电荷的分布函数后即可计算得到任意一点的场强。

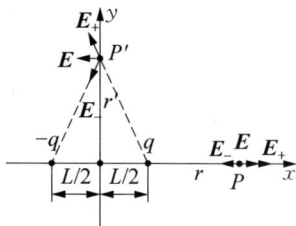

图 6-1 例 1

◎**例 1**:如图 6-1 所示,有一对带等量异性电荷 $\pm q$ 的电偶极子,相距为 $L$。求两电荷连线上一点 $P$ 和中垂线上一点 $P'$ 的场强。($P$、$P'$ 点到 $O$ 点的距离分别为 $r$、$r'$)

**解**:

(1) $E_P = \dfrac{q}{4\pi\varepsilon_0}\left(\dfrac{1}{(r-L/2)^2} - \dfrac{1}{(r+L/2)^2}\right)e_x = \dfrac{q}{4\pi\varepsilon_0} \cdot \dfrac{2rL}{\left(r^2 - \dfrac{L^2}{4}\right)^2} e_x$。

(2) $E_{P'} = -\dfrac{q}{4\pi\varepsilon_0} \cdot \dfrac{L}{\left(r^2 + \dfrac{L^2}{4}\right)^{\frac{3}{2}}} e_x$。

远场近似时（$r \gg L$），定义偶极矩 $\boldsymbol{p} = qL\boldsymbol{e}_x$。

有：$\boldsymbol{E}_P \approx \dfrac{\boldsymbol{p}}{2\pi\varepsilon_0 r^3}$ 　　 $\boldsymbol{E}_{P'} \approx \dfrac{\boldsymbol{p}}{4\pi\varepsilon_0 r^3}$。

◎**例 2**：如图 6-2 所示，设有一均匀带电线，长为 $L$。总带电量 $Q$，线外一点 $P$ 离开直线垂直距离为 $a$，$P$ 点与带电线两端之间的夹角分别为 $\theta_1$、$\theta_2$，求 $P$ 点的场强。

**解**：线电荷密度：$\lambda = \dfrac{Q}{L}$，角微元截取的长度：$\mathrm{d}l = \dfrac{a}{\sin^2\theta}\mathrm{d}\theta$。

角微元截取的电荷量：$\mathrm{d}q = \dfrac{Q}{L} \cdot \dfrac{a}{\sin^2\theta}\mathrm{d}\theta$。

微元场强：

$$\mathrm{d}\boldsymbol{E}_P = \frac{\mathrm{d}q}{4\pi\varepsilon_0 r^2}\boldsymbol{e}_r = \frac{Q}{4\pi\varepsilon_0 La}(\cos\theta\,\boldsymbol{e}_x + \sin\theta\,\boldsymbol{e}_y)$$

$P$ 点总场强：$\boldsymbol{E}_P = \dfrac{Q(\sin\theta_2 - \sin\theta_1)}{4\pi\varepsilon_0 La}\boldsymbol{e}_x + \dfrac{Q(\cos\theta_1 - \cos\theta_2)}{4\pi\varepsilon_0 La}\boldsymbol{e}_y$。

特别地，$L \to \infty$，$\theta_1 = 0$，$\theta_2 = \pi$ 时：$\boldsymbol{E}_P = \dfrac{\lambda}{2\pi\varepsilon_0 a}\boldsymbol{e}_y$。

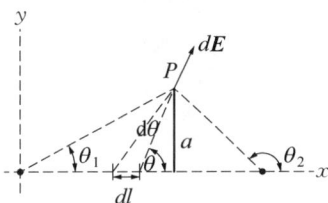

图 6-2　例 2

◎**例 3**：如图 6-3 所示，电荷 $q$ 均匀地分布在半径为 $a$ 的圆环上，求圆环中心轴线上任一点 $P$ 的场强。$P$ 点离环心的距离为 $x$。

**解**：由电荷分布对称性可知，垂直于轴线方向的场强贡献相互抵消，故只需考虑平行于轴线方向的电场强度。

$P$ 点总场强：$\boldsymbol{E}_P = \dfrac{qx}{4\pi\varepsilon_0(a^2 + x^2)^{\frac{3}{2}}}\boldsymbol{e}_x$。

特别地：（1）当 $x = 0$ 时：$\boldsymbol{E}_P = 0$；

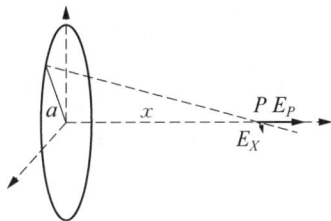

图 6-3　例 3

（2）当 $x \gg a$ 时：$\boldsymbol{E}_P = \dfrac{q}{4\pi\varepsilon_0 x^2}\boldsymbol{e}_x$ 等同于点电荷。

◎**例 4**：求面电荷密度为 $\sigma$，半径为 $R$ 的薄带电圆盘中心轴线 $x$ 处一点的电场强度。

**解**：在上例的基础上求解。将薄带电圆盘分割为无限多个小圆环，每个圆环带电量：$\mathrm{d}q = \sigma 2\pi r\mathrm{d}r = \sigma\pi\mathrm{d}r^2$。

每个圆环对场强的贡献：$\mathrm{d}\boldsymbol{E} = \dfrac{\sigma\pi\mathrm{d}r^2}{4\pi\varepsilon_0(r^2 + x^2)^{\frac{3}{2}}}\boldsymbol{e}_x$。

积分得：$\boldsymbol{E} = \dfrac{\sigma}{2\varepsilon_0}\left(1 - \dfrac{x}{\sqrt{R^2 + x^2}}\right)\boldsymbol{e}_x$。

特别地：

当 $R \to \infty$ 时：$\boldsymbol{E} = \dfrac{\sigma}{2\varepsilon_0}$。

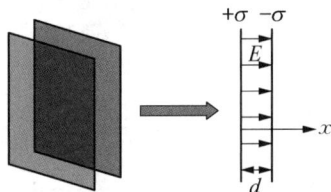

图 6-4　例 4

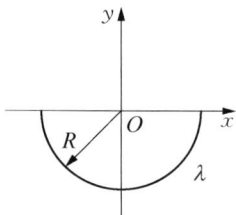

图 6-5  思考与讨论 1

图 6-6  思考与讨论 2

当 $x \to 0$ 时：$E = 0$。

推论：如图 6-4 所示，两带等量异性电荷，面电荷密度为 $\sigma$ 的无限大平行板间的电场为一均匀场。

$$E = \frac{\sigma}{\epsilon_0}(0 < x < d); E = 0 (x < 0 \text{ 或 } x > d)$$

**思考与讨论：**

1. 带电细线弯成半径为 $R$ 的半圆形，电荷线密度为 $\lambda$，如图 6-5 所示，试求环心 $O$ 处的电场强度。

2. 如图 6-6 所示，无限长均匀带电半圆柱面，半径为 $R$，沿轴线方向每单位长度上的电荷量为 $\sigma$，试求轴线上一点的电场强度。

---

**思考与讨论**

解：

1. 由对称性可得电场仅有 $y$ 分量

$$\boldsymbol{E} = \frac{\lambda}{4\pi\epsilon_0 R}\int_{-\pi}^{\pi}\sin\theta\, \mathrm{d}\theta \boldsymbol{e}_y$$

$$= \frac{\lambda}{2\pi\epsilon_0 R}\boldsymbol{e}_y$$

2. 将无限长圆柱面分成无限根无限长直导线。

等效线密度 $\mathrm{d}\lambda = \sigma R \mathrm{d}\theta$

$$\boldsymbol{E} = \frac{\sigma}{2\pi\epsilon_0}\int_{-\pi}^{\pi}\sin\theta\, \mathrm{d}\theta \boldsymbol{e}_y$$

$$= \frac{\sigma}{\pi\epsilon_0}\boldsymbol{e}_y$$

电场强度：

$$\boldsymbol{E}_a = \frac{\mathrm{d}\Phi_n}{\mathrm{d}S_n}$$

---

# 6.3  电通量与高斯定理

## 6.3.1  电场线

我们可以在电场中描绘一系列的曲线，以曲线上每一点的切线方向表示该点场强的方向，以曲线的疏密程度表示场强的大小。这些曲线就叫作电场线。规定：

（1）电场线上每一点切向方向表示该点电场强度的方向。

（2）通过垂直于电场线单位面积的电场线数目（电场线密度）等于该点的电场强度量值。

电场线具有以下三个特点：

（1）起始于正电荷（或无穷远），终止于负电荷（或无穷远）。

（2）任何两条电场线不能相交。

（3）电场线越密的地方，场强越大；电场线越疏的地方，场强越小。

## 6.3.2  电场强度通量

在有了电场线之后，我们可以自然地定义：通过某一曲面的电场线条数，叫通过这一曲面的电场强度通量，记为 $\Phi_e$。

计算时：如图 6-7 所示，为了简化，我们先考虑匀强电场穿过平面,当电场垂直于平面时有:$\Phi_e = ES$。当电场线与平面的法线夹角为 $\theta$ 时有:$\Phi_e = ES\cos\theta$。

电场强度通量:

$$\Phi_e = \iint \boldsymbol{E} \cdot \mathrm{d}\boldsymbol{S}$$

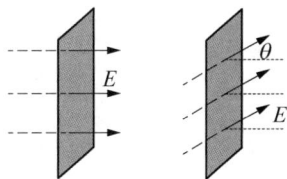

图 6-7　电场强度通量

表示通过某一曲面的电场线数量。

其中面积矢量 $\boldsymbol{S}$ 大小等于面积,方向沿着平面的法向。曲面上的无限小面元可以视作平面,$\mathrm{d}\boldsymbol{S}$ 取向即是某点切面的法向。

## 6.3.3　高斯定理及其应用

以下结论被称为真空中静电场的高斯定理,即:穿出任一闭合曲面的电通量 $\Phi_e$ 等于该曲面内所包围的所有电荷的代数和除以 $\varepsilon_0$,而与闭合面外的电荷无关。

下面给出高斯定理的证明。首先考虑仅有一个点电荷的情况。那么以该点电荷为球心建立球坐标系。有:

$$\mathrm{d}\Phi_e = \boldsymbol{E} \cdot \mathrm{d}\boldsymbol{S} = \frac{q}{4\pi\varepsilon_0 r^2}(r^2/\cos\theta)\mathrm{d}\Omega = q\mathrm{d}\Omega/4\pi\varepsilon_0$$

其中:$\mathrm{d}\Omega$ 为曲面上的有向面元对原点张成的立体角。若该点电荷在闭合曲面的内部,则有向曲面(向外为正)所张的总立体角为 $4\pi$,若点电荷在闭合曲面的外部,则因为曲面的有向性,所有的面元立体角两两相消,张成的总立体角为 $0$。由此我们得到了对于曲面内部的点电荷而言,$\Phi_e = q/\varepsilon_0$。

进一步地,由于闭合曲面的总通量 $\Phi_e$ 是关于 $\boldsymbol{E}$ 的线性函数,结合场强叠加原理可以得到通量的叠加原理,即:$\Phi_e = \sum\limits_i \Phi_{ei} = \sum\limits_i \dfrac{q_{i内}}{\varepsilon_0}$。

最后我们需要证明所有的电场都可以视为点电荷构成的电场的线性组合。由于静电场是有源场,一切的电场都源于电荷的存在,因此任意的电场都可以视为无穷多个点电荷元产生的电场之和,最终高斯定理得证。考虑一般的三维情况下,电荷呈体分布,因此我们将其以体电荷密度的形式写出:$\oiint \boldsymbol{E} \cdot \mathrm{d}\boldsymbol{S} = \iiint \rho \mathrm{d}V$。这即是高斯定理的一般积分形式。

利用高斯定理,我们可以轻易地得出一些对称性良好的体系的

高斯定理:

　　穿出任一闭合曲面的电通量 $\Phi_e$ 等于该曲面内所包围的所有电荷的代数和除以 $\varepsilon_0$,而与闭合面外的电荷无关。

　　即:

$$\oiint \boldsymbol{E} \cdot \mathrm{d}\boldsymbol{S}_n = \iiint \rho \mathrm{d}V$$

电场强度。通常可以分为以下三步：（1）分析对称性：即由电荷分布的对称性分析场强分布的对称性。常见的有球对称、轴对称和面对称等；（2）选择高斯面：高斯面必须经过被考察的场点，同时使穿过该面的电通量易于计算（即简化高斯定理左端的积分）；（3）计算电场强度：先求穿过高斯面的电通量和高斯面内包围的电荷量的代数和，最后由高斯定理求解场强。

◎**例 5**：如图 6-8 所示，求半径为 $R$ 总电荷量为 $Q$ 的均匀带电球的电场。

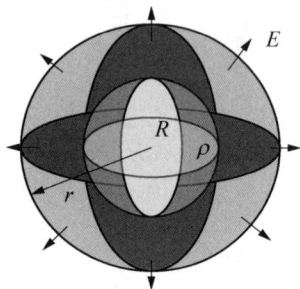

**解**：由系统球对称性，电场必定沿径向向外。取以半径为 $r$ 的球形高斯面。

高斯定理：

$$4\pi r^2 \boldsymbol{E}(r) = \frac{Q}{\varepsilon_0}(r > R),\ 4\pi r^2 \boldsymbol{E}(r) = Q\frac{r^3}{\varepsilon_0 R^3}(r \leqslant R)$$

$$\boldsymbol{E}(r) = \frac{Q}{4\pi\varepsilon_0 r^2}(r > R),\ \boldsymbol{E}(r) = \frac{Qr}{4\pi\varepsilon_0 R^3}(r \leqslant R)$$

图 6-8 例 5

◎**例 6**：如图 6-9 所示，求线电荷密度为 $\lambda$ 的无限长直导线的电场。

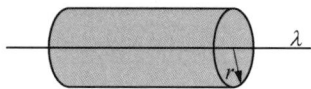

**解**：由于系统具有柱对称，故电场强度一定沿径向向外。

以导线为轴线，取半径为 $r$ 高度为 $h$ 的圆柱面为高斯面。

高斯定理：

$$2\pi r z \boldsymbol{E}(r) = \frac{\lambda z}{\varepsilon_0}$$

$$\boldsymbol{E}(r) = \frac{\lambda}{2\pi\varepsilon_0 r}$$

图 6-9 例 6

◎**例 7**：求面电荷密度为 $\sigma$ 的无限大均匀带电平面的电场。

**解**：由对称性：电场沿平面法向，且平面上下的电场大小相同，方向相反。

建立空间直角坐标系，以带电平面为 $xy$ 平面。取任意一个母线平行于 $z$ 轴的柱面作为高斯面，上下底面的高度分别为 $\pm z$，底面面积为 $S$。

高斯定理：

$$2\boldsymbol{E}(z)S = \frac{\sigma}{\varepsilon_0}S$$

$$\boldsymbol{E}(z) = \frac{\sigma}{2\varepsilon_0}$$

# 6.4 电 势

## 6.4.1 静电场的环路定理

静电场的环路定理是静电场的另一重要性质，它和静电场的高斯定理一同完整地刻画了静电场。

首先静电力是一种保守力，也就是说在空间中任取两点 $A$，$B$，将试探电荷从 $A$ 点移动至 $B$ 点，静电力所做的功和路径无关。为了证明这一点，我们只需先证明点电荷的静电力是保守的，然后由于静电力做的功是关于场强的线性函数，我们可以利用场强叠加原理得到一般静电场的环路定理。

下面我们证明点电荷场对试探电荷所产生的静电力是保守的。

我们以电荷量为 $Q$ 的点电荷为原点建立球坐标系。设试探电荷电荷量为 $q$。

$$dW = q\boldsymbol{E}(r) \cdot d\boldsymbol{r} = \frac{qQ}{4\pi\varepsilon_0 r^2}\boldsymbol{e}_r \cdot d\boldsymbol{r} = -d\left(\frac{qQ}{4\pi\varepsilon_0 r}\right) \text{是一个关于坐标}$$

的函数的全微分，因此 $W = \dfrac{qQ}{4\pi\varepsilon_0}\left(\dfrac{1}{r_A} - \dfrac{1}{r_B}\right)$ 与路径无关。

在得到了静电力保守之后，我们考虑一个环路，即起点与终点重合的路径。由于静电力做功仅仅和起点与终点有关与路径无关，因此有：

$$W = q\oint \boldsymbol{E} \cdot d\boldsymbol{l} = 0, \text{即}\oint \boldsymbol{E} \cdot d\boldsymbol{l} = 0。 \text{后者被称为静电场的环路}$$

定理。

静电场环路定理：
$$\oint \boldsymbol{E} \cdot d\boldsymbol{l} = 0$$

## 6.4.2 电势与电势能

由于静电场的保守性，可以定义电势能和电势。定义如下：电势能——电荷在电场中某点具有的电势能等于电场力将此电荷从该点移至参考点所做的功。需要注意的有以下几点：

（1）参考点也叫零势能点。当电荷分布在有限区域内时，通常选取无穷远处为零势能点。

（2）电场中实验电荷具有的电势能应是场源电荷与实验电荷系统所共有。

（3）势能是相对参考点而言的，参考点选择不同，势能的值也不同。

电势能：
$$W_a = q_0\int_a^{\text{参考点}} \boldsymbol{E} \cdot d\boldsymbol{l}$$

电势：
$$U_a = \frac{W_a}{q_0} = \int_a^{\text{参考点}} \boldsymbol{E} \cdot d\boldsymbol{l}$$

回顾我们利用比值来定义电场强度的方式。类似地，我们可以定义电势 $U_a = \dfrac{W_a}{q_0}$。

这样定义出来的电势就可以只与外电场本身有关而与试探电荷无关。同样，由于电势是场强的线性函数，因此我们可以通过场强叠加原理得到电势叠加原理。类似地，我们也就可以先计算点电荷的电势，而后利用场强叠加原理得到一般的电荷分布的电势。若以无穷远为参考点，可得：$U_a = \dfrac{q}{4\pi\varepsilon_0 r}$，由此我们得到了一般电荷分布下的电势为：

$$U(\boldsymbol{r}) = \iiint \rho(\boldsymbol{r}' - \boldsymbol{r}) \frac{\mathrm{d}V'}{4\pi\varepsilon_0 \mid \boldsymbol{r} - \boldsymbol{r}' \mid}$$

## 6.4.3　电势差

**定义**　静电场中两点 $a$、$b$ 之间的电势之差，称为这两点间的电势差或电压，记作 $U_{ab}$，即：

$$\boldsymbol{U}_{ab} = \boldsymbol{U}_a - \boldsymbol{U}_b$$

任意一点电荷 $q$ 从 $a$ 点移动到 $b$ 点，电场力所做的功即为：$q\boldsymbol{U}_{ab}$。

◎**例 8**：如图 6-10 所示，求均匀带电球壳产生的电场中的电势分布。设球壳带电 $q$，球半径为 $R$。

**解**：由高斯定理

$$\boldsymbol{E}(r) = \frac{q}{4\pi\varepsilon_0 r^2}(r > R) \quad \boldsymbol{E}(r) = 0(r \leqslant R)$$

$$U(r) = \int_r^\infty \boldsymbol{E}(r)\mathrm{d}\boldsymbol{r} = \frac{q}{4\pi\varepsilon_0 r}(r > R)$$

$$U(r) = \int_r^\infty \boldsymbol{E}(r)\mathrm{d}\boldsymbol{r} = \frac{q}{4\pi\varepsilon_0 R}(r \leqslant R)$$

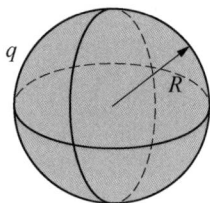

图 6-10　例 8

◎**例 9**：有均匀带电 $Q$ 的细圆环，环半径为 $a$，试求通过环心且与环面垂直轴线上距环心为 $x$ 的一点的电势。

**解**：$U(x) = \displaystyle\int_{-\pi}^{\pi} \frac{Q}{2\pi a}a\mathrm{d}\theta \frac{1}{4\pi\varepsilon_0 \sqrt{a^2 + x^2}} = \frac{Q}{4\pi\varepsilon_0 \sqrt{a^2 + x^2}}$

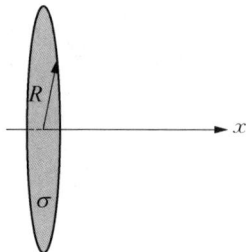

图 6-11　例 10

◎**例 10**：如图 6-11 所示，一薄带电圆盘，半径为 $R$，面电荷密度为 $\sigma$，求中垂线上一点 $P$ 的电势。$P$ 点离盘心距离为 $x$。

解：$U(x) = \int_0^R \dfrac{\sigma 2\pi r \, \mathrm{d}r}{4\pi\varepsilon_0 \sqrt{r^2 + x^2}} = \dfrac{\sigma}{2\varepsilon_0}(\sqrt{R^2 + x^2} - x)$

# 6.5 等 势 面

## 6.5.1 等势面的定义

为了形象地描绘一个空间的电势分布,我们引入等势面的概念。等势面指电势相同的若干点连成的面。等势面具有如下的性质:

(1) 试探电荷沿等势面移动,静电力不做功。

(2) 等势面始终与电场线垂直。

另外,为清晰地描绘空间的电势分布,我们规定相邻等势面之间的电势差为常数。等势面越密的地方场强越大,等势面越稀疏的地方场强越小。

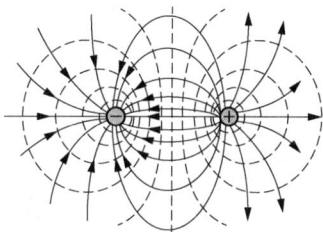

图 6-12 一对等量异号点电荷的
电场线和等势面

## 6.5.2 场强和电势的关系

在上一节的讨论中,我们已经感受到了场强反映了电势随空间变化的快慢。在本节中我们将给出二者之间严格的数学关系。

事实上,场强是电势的负梯度,即:$\boldsymbol{E} = -\left(\dfrac{\partial U}{\partial x}\boldsymbol{e}_x + \dfrac{\partial U}{\partial y}\boldsymbol{e}_y + \dfrac{\partial U}{\partial z}\boldsymbol{e}_z\right) = -\mathrm{grad}\,U$。为了证明上一关系,我们可以任两个位置分别为 $\boldsymbol{r}$ 和 $\boldsymbol{r} + \mathrm{d}x\boldsymbol{e}_x$ 的两点,根据偏导数的定义我们容易得到,$\dfrac{\partial U(\boldsymbol{r})}{\partial x} = \dfrac{U(\boldsymbol{r} + \mathrm{d}x\boldsymbol{e}_x) - U(\boldsymbol{r})}{\mathrm{d}x}$,同时,利用我们先前得到的场强和电势的积分关系 $U_a = \int_a^{\text{参考点}} \boldsymbol{E} \cdot \mathrm{d}\boldsymbol{l}$,可得:$U(\boldsymbol{r} + \mathrm{d}x\boldsymbol{e}_x) - U(\boldsymbol{r}) = -\boldsymbol{E} \cdot \mathrm{d}x\boldsymbol{e}_x = -E_x \mathrm{d}x$。联立可得:$-\dfrac{\partial U}{\partial x} = E_x$。同理可得:$-\dfrac{\partial U}{\partial y} = E_y$,$-\dfrac{\partial U}{\partial z} = E_z$ 即:$\boldsymbol{E} = -\left(\dfrac{\partial U}{\partial x}\boldsymbol{e}_x + \dfrac{\partial U}{\partial y}\boldsymbol{e}_y + \dfrac{\partial U}{\partial z}\boldsymbol{e}_z\right)$。

> 电势与电场的关系:
> $$\boldsymbol{E} = -\left(\dfrac{\partial U}{\partial x}\boldsymbol{e}_x + \dfrac{\partial U}{\partial y}\boldsymbol{e}_y + \dfrac{\partial U}{\partial z}\boldsymbol{e}_z\right)$$
> $$= -\mathrm{grad}\,U$$

为了帮助同学们更快地熟悉梯度这种微分关系,需要说明以下几点:

(1) 等势面越密的地方,说明电势变化越剧烈,场强也就越大;

(2) 电势为零的地方,场强不一定为零;

(3) 场强为零的地方,电势不一定为零。

◎**例 11**: 利用场强与电势的微分关系, 计算均匀带电圆盘轴线上任一点 $P$ 的场强。

**解**: 先前已解得: $U(x) = \dfrac{\sigma}{2\varepsilon_0}(\sqrt{R^2 + x^2} - x)$

$$E = -\left(\frac{\partial U}{\partial x}e_x + \frac{\partial U}{\partial y}e_y + \frac{\partial U}{\partial z}e_z\right)$$

$$E = \frac{\sigma}{2\varepsilon_0}\left(1 - \frac{x}{\sqrt{R^2 + x^2}}\right)e_x$$

与先前解得的 $E$ 一致。

## 6.5.3  导体与静电平衡

静电平衡顾名思义, 指系统中的所有带电体受到的合力均为 0 的情况。由于导体的电阻足够小, 因此导体总是能在极短的时间内达到静电平衡, 故一般情况下, 研究导体时, 我们可以认为其处在静电平衡的状态。

事实上, 导体内部的每一点都存在大量的可以自由移动的带电体, 因此为了使得这些点电荷受力平衡, 必须要求导体内部的场强处处为 0, 即导体内部的电势处处相等。

接下来, 我们讨论导体静电平衡时的电荷分布情况。首先可以证明, 尽管导体的内部存在着可以自由移动的带电体, 导体内部也必定是电中性, 如图 6-13 所示。证明如下: 对于导体内部的任意一点, 取一个小高斯面将其围住。根据静电平衡的条件, 导体内部电场处处为 0, 因此该高斯面的电通量为 0, 该点所带的总电荷为 0。由于导体内部不带电, 因此导体仅有表面可以带电。为了保证导体内部时刻等势, 处于静电平衡的状态, 在不同的外电场下, 导体的表面会呈现出不同的电荷分布, 这种现象被称作"静电感应", 这些电荷被称为导体的感应电荷。

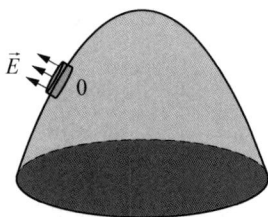

图 6-13  导体内部

最后我们讨论导体外侧的电场。为了满足导体内部的电势处处相等, 导体表面外侧的电场还必须垂直于导体表面。否则, 导体的表面将不等势, 这违反了导体处处等电势的条件。不仅如此, 导体外侧的法向电场还必定正比于导体表面的面电荷密度, 这一结论可以利用高斯定理来证明。导体表面取一个小的圆柱形高斯面, 圆柱的上下两底面平行于导体表面且分别在导体内外, 圆柱的高远小于圆柱的底面的半径。可得: $E_n = \dfrac{\sigma}{\varepsilon_0}$ 。 以上即为导体静电平衡的条件。

可以利用空腔导体的静电平衡实现静电屏蔽的效果。当空腔内部无电荷时:无论空腔外部的场强如何,空腔内部的场强均为 0。类似地,当空腔外部无电荷时,无论空腔内部的电荷分布如何,空腔外部的电场仅与导体和腔内的总电荷量有关(注意并不是没有电场)。

以上命题可以通过静电场的唯一性定理证明。唯一性定理指的是在确定一个无源(没有电荷)区域边界上所有电的电势分布或是法向电场后,区域内部的电场被唯一确定。在唯一性定理的基础上,我们容易证明以上的两结论。对于前者,内部区域的边界是空腔导体内表面,边界条件为内表面处处等势。已知如果内部处处等势的电势分布满足边界条件,那么根据唯一性定理,这种分布即是内表面等势的边界条件下唯一的内腔可能的电势分布,即得内腔场强为 0。后一命题可以用类似的方法证明,我们对腔外部的区域运用唯一性定理,该区域的边界条件为 $U_{无穷远}=0$ 和 $U_{外表面}=C$,此时只需要确定常数 $C$ 的具体数值就可以得到完整的边界条件从而确定唯一的外部电场。我们不妨假定存在着一种内部的电荷分布使得 $U_{外表面}=C_1$,在保证内部区域和导体总带电量不变的情况下改变电荷分布的状况,我们得到了一个新的常数 $U_{外表面}=C_2$。必定会有 $C_1=C_2$。理由是如果 $C_1 \neq C_2$,那么我们可以对原有的电荷分布函数整体乘上系数 $\dfrac{C_2}{C_1}$,那么此时必有的 $U_{外表面}=C_1'=C_2$,根据唯一性定理,此时的外部电场必定与内部电荷分布改变后的外部电场完全相同。那么,任取一个闭合高斯面包住两个导体,得到的电通量必定也完全相同,从而内部的总电荷量也必定相同,电荷分布函数整体乘上的系数 $\dfrac{C_2}{C_1}$ 必定为 1,即 $C_1=C_1'=C_2$,可得知在保证内部区域总电荷量不变的前提下,外场与内部区域的具体电荷的内部无关。

进一步地,如果我们对导体进行接地操作(即保证导体电势为0),那么无论是外电场还是内电场都可以被完全屏蔽。

◎**例 12**:如图 6-14 所示,半径为 $R_1$ 的导体球,带电荷量 $q$,球外有一内、外半径分别为 $R_2$ 和 $R_3(R_3 > R_2)$ 的同心导体球壳,壳上带有电荷量 $Q$,计算:

(1)两球的电势 $U_1$ 和 $U_2$;(2)用导线把球和壳连接在一起后 $U_1$ 和 $U_2$ 分别为多少? (3)若外球壳接地,$U_1$ 和 $U_2$ 又为多少?

**解**:(1)先考虑两导体间的电场。

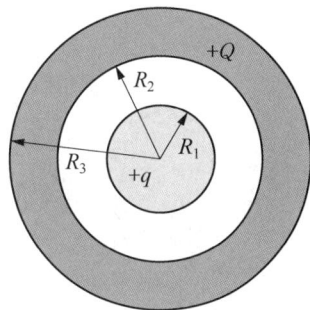

图 6-14　例 12

内导体是球状导体,总带电荷量为 $q$。假若导体球形有且仅有一个带电荷量为 $q$ 的点电荷,那么导体间的电场分布满足内外导体的静电平衡条件,因此两导体间的电场就相当于球心处点电荷 $q$ 所产生的电场。

$$E = \frac{q}{4\pi\varepsilon_0 r}e_r \quad (R_1 < r < R_2)$$

再考虑导体壳外的电场,同理可得导体壳外的电场相当于球心处总电荷量为 $Q+q$ 的点电荷所产生的电场:

$$E = \frac{Q+q}{4\pi\varepsilon_0 r}e_r \quad (R_3 < r)$$

可得:$U_1 = \frac{Q+q}{4\pi\varepsilon_0 R_3}$,$U_2 = \frac{Q+q}{4\pi\varepsilon_0 R_3} + \frac{q}{4\pi\varepsilon_0}\left(\frac{1}{R_1} - \frac{1}{R_2}\right)$

(2) 两导体导通,故 $U_1 = U_2$,电荷守恒:外导体带电 $Q+q$,内导体不带电。故 $U_1 = U_2 = \frac{Q+q}{4\pi\varepsilon_0 R_3}$。

(3) 外球接地:$U_1 = 0$,

两球之间电场强度不变,故 $U_2 = \frac{q}{4\pi\varepsilon_0}\left(\frac{1}{R_1} - \frac{1}{R_2}\right)$。

# 6.6 电 容 器

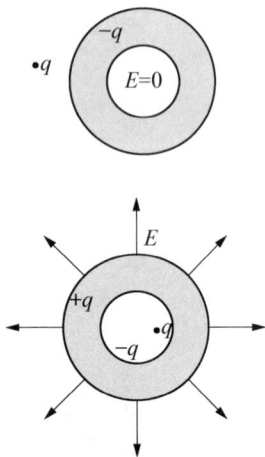

图 6-15 孤立导体球

## 6.6.1 电容、电容器

回忆一个孤立导体球的电势:$U = \frac{Q}{4\pi\varepsilon_0 R}$,不难发现 $Q$ 与 $U$ 成正比,定义:孤立导体球的电容 $C = \frac{Q}{U}$。 由此,我们得到了一个仅与导体的几何位形相关的常系数,这个系数被称作电容。

更一般的电容器是由两块导体板所构成的,电容充电时,两块导体板带有等量的异种电荷,此时的电容定义式中的 $Q$ 被定义为某一块导体所带的电荷量,$U$ 定义为先前所选的导体板与另一块导体板之间的电势差。

孤立导体的电容的定义可以被上述的对一般电容器电容的定

义所涵盖。事实上,我们只需假定在无穷远处有一块无限大的导体板,带有与该孤立导体等量异种的电荷即可。如图 6-15～图 6-18 所示。

下文介绍计算电容值的方法:首先我们需要得到静电平衡时导体的电荷分布情况,然后根据导体的电荷分布情况得到两导体之间的电场,或是孤立导体所产生的电场,接着,利用 $U = \int_A^B \boldsymbol{E} \cdot \mathrm{d}\boldsymbol{l}$ 计算两导体间的电势差,利用电容器的定义 $C = \dfrac{Q}{U}$ 计算电容值。

◎**例 13**:如图 6-19 所示,平行板电容器由两块平行的导体板构成,两导体板之间相互正对着,两导体板的距离 $d$ 的平方远小于两导体板的正对面积 $S$。计算平行板电容器的电容。

**解**:由于 $S \gg d^2$,可以近似认为两导体板无穷大。

根据平移系统的平移不变性可知:两块导体板均匀带电。

设上下导体板的面电荷密度分别为 $\pm\sigma$,则:

$$E = \frac{\sigma}{\varepsilon_0} \quad U = Ed = \frac{\sigma d}{\varepsilon_0}$$

总电荷量:$Q = \sigma S$。

故电容 $C = \dfrac{Q}{U} = \dfrac{\varepsilon_0 S}{d}$。

◎**例 14**:如图 6-20 所示,计算同轴圆柱电容器的电容,同轴圆柱的高 $h$ 远大于大圆柱半径 $R$,另外小圆柱的半径为 $r$。

**解**:设内部柱面的总带电荷量为 $Q$,取一半径为 $x$ 高度为 $h$ 且与题给两柱面同轴的柱面为高斯面,根据系统的柱对称性有:

$$\boldsymbol{E}(x) = \frac{Q}{2\pi x h\varepsilon_0}\boldsymbol{e}_r \quad (r < x < R)$$

电势差:$U = \displaystyle\int_r^R \frac{Q}{2\pi x h\varepsilon_0}\mathrm{d}x = \frac{Q}{2\pi h\varepsilon_0}\ln\left(\frac{R}{r}\right)$。

电容:$C = \dfrac{Q}{U} = \dfrac{2\pi h\varepsilon_0}{\ln\left(\dfrac{R}{r}\right)}$。

◎**例 15**:如图 6-21 所示,计算同心球体的电容,外球半径为 $R$,内球半径为 $r$。

**解**:设内部球面的总带电量为 $Q$。

取半径为 $x$,且与导体共球心的高斯面。

根据系统的球对称性有:

电容器静电能:

$$E = \frac{1}{2}CU^2$$

电容器储存的能量:

$$E = \frac{1}{2}CU^2$$
$$= \frac{q^2}{2C}$$

图 6-16 电容

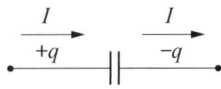

图 6-17 充电

图 6-18 放电

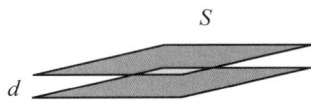

图 6-19 例 13

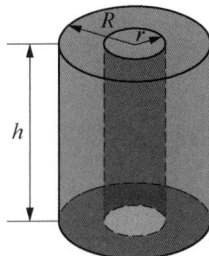

图 6-20 例 14

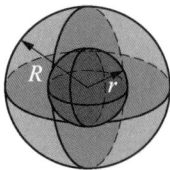

图 6-21　例 15

$$E(x) = \frac{Q}{4\pi\varepsilon_0 x^2}e_r \quad (r < x < R)$$

电势差：$U = \displaystyle\int_r^R \frac{Q}{4\pi\varepsilon_0 x^2}\mathrm{d}x = \frac{Q(R-r)}{4\pi\varepsilon_0 Rr}$。

电容：$C = \dfrac{Q}{U} = \dfrac{4\pi\varepsilon_0 Rr}{R-r}$。

## 6.6.2　电容器的串联与并联

在电路中电容器一般用如图 6-16 所示的符号所表示。与我们熟悉的电阻一样，我们可以将两个电容器的两极分别相连组合成一个新的电容器，这种操作被称为电容器的并联，同样，我们可以将一个电容器的一极与另一个电容器的一极相连，这种操作被称为电容器的串联。

下面我们来推导串并联操作后的电容值与原先两电容值的关系。

先看并联。由于两电容器两极板分别导通，故两电容器两端的电压相等，都为 $U$。原先两极板与导线构成了新的极板，其所带电荷量为原先两极板带电荷量的总和，即：$Q = Q_1 + Q_2 = C_1 U + C_2 U$，并联后的电容值 $C = \dfrac{Q}{U} = C_1 + C_2$。

静电场能量密度：

$$W_e = \frac{\varepsilon_0 E^2}{2}$$

再看串联。由于相接的两极板不与外界导通，因此充电前后所带总电荷量始终为 $0$，原先两电容器所带的电荷量必须相等，这样才能保证两电容器不同极的总电荷量的代数和为 $0$。另外：串联后的电容两极的电势差 $U = U_1 + U_2 = \dfrac{Q}{C_1} + \dfrac{Q}{C_2}$。可得串联后的电容 $C = \dfrac{Q}{U} = \dfrac{C_1 C_2}{C_1 + C_2}$。

## 6.6.3　电容器的充放电和能量密度

这一节我们讨论电容器充放电时的功能关系。我们考虑一个电容值为 $C$，当前两极板电压为 $U$ 的电容器。当电流从外电路流入正极板同时从负极板流向外电路时，电容器处于充电状态，反之电容器处于放电状态。

充电状态时，外界需要克服电容器两端的电势差做功，放电状态时，电容器两端的电势差对外界做功。接着我们定量讨论所做功的大小。当电容器电荷量变化了 $dq$ 时，意味着有 $dq$ 的电荷克服电势差 $U$ 做功充入了电容器的两极板或是有 $-dq$ 的电荷放出了电容器的两极板。此过程中，外界对电容器做功大小 $dW = Udq = \dfrac{qdq}{C} = d\left(\dfrac{q^2}{2C}\right) = d\left(\dfrac{1}{2}CU^2\right)$，相应的电容器的能量也增加了 $dE = dW = d\left(\dfrac{1}{2}CU^2\right)$。由于电容器不带电时，电容器所储存的能量为 0，因此可以得到，电容器两端电压为 $U$ 时，电容器储存的能量为：

$$E = \frac{1}{2}CU^2 = \frac{q^2}{2C}$$

实际上，电容器所储存的能量可以看作是两极板之间的电场所蕴含的，在此观点下，静电场中只要给定一个点的电场，我们就可以求得这个点的能量密度，将能量密度对全空间积分，我们即可得到当前电荷分布所激发的电场下，系统所蕴含的静电能。

然而目前，电场能密度和电场强度的函数关系尚不明确。我们将逐步进行分析。首先由于空间是球对称的，因此该函数必定与电场的方向无关，只与电场强度的大小有关，因此电场能密度 $W_e$ 必定是关于 $E^2$ 的单变量函数。

方便起见，我们可以通过平行板电容器的特例来求解上述的函数关系。由于平行板电容器的两极板间的电场可以视作匀强电场，因此极板内的电场能密度 $W_e$ 必定处处相同。极板内空间的总体积为：$V = Sd$。充电平行板电容所带的总的静电能必定为：$E_e = SdW_e$。另一方面，先前我们求得：$E_e = \dfrac{1}{2}CU^2$ 结合 $|\boldsymbol{E}| = \dfrac{U}{d}$ 和 $C = \dfrac{\varepsilon_0 S}{d}$ 可得 $E_e = \dfrac{\varepsilon_0}{2}|\boldsymbol{E}|^2 Sd$。比较得到电场能密度：

$$W_e = \frac{\varepsilon_0 E^2}{2}$$

值得注意的是，这一关系是从平行板电容器的特例中推导出来的，但是在任意的静电场中都是适用的。事实上可以利用麦克斯韦方程组和功能关系严格地证明一般的静电场的能量密度 $W_e = \dfrac{\varepsilon_0 E^2}{2}$，但是由于需要用到比较复杂的矢量场的计算，因此本书中暂且不介绍。

# 6.7　静电的运用

静电在生活中有着广泛的应用。其应用方式基本为通过静电力实现对微小物体的控制，例如静电除尘、静电复印等。

静电除尘是气体除尘方法的一种。在冶金、化学等工业中用以净化气体或回收有用尘粒。利用静电场使气体电离从而使尘粒带电吸附到电极上。在强电场中空气分子被电离为正离子和电子，电子奔向正极过程中遇到尘粒，使尘粒带负电吸附到正极被收集。当然通过技术创新，也有采用负极板集尘的方式。以往常用于以煤为燃料的工厂、电站，收集烟气中的煤灰和粉尘。冶金中用于收集锡、锌、铅、铝等的氧化物，也有可以用于家居的除尘灭菌产品。

静电复印则是先利用半导体材料的光敏特性将原样品的灰度信号转化为电信号，再进一步转化为静电信号。随后，纸张利用静电吸引带电的墨粉，原先颜色越深处静电越强，吸引的墨粉也越多，从而实现了复印的效果。

除此之外，静电还可以用于喷涂漆料，并且在药品和医疗设备制造方面也有着广泛的运用。

静电的运用

# 本章重点知识小结

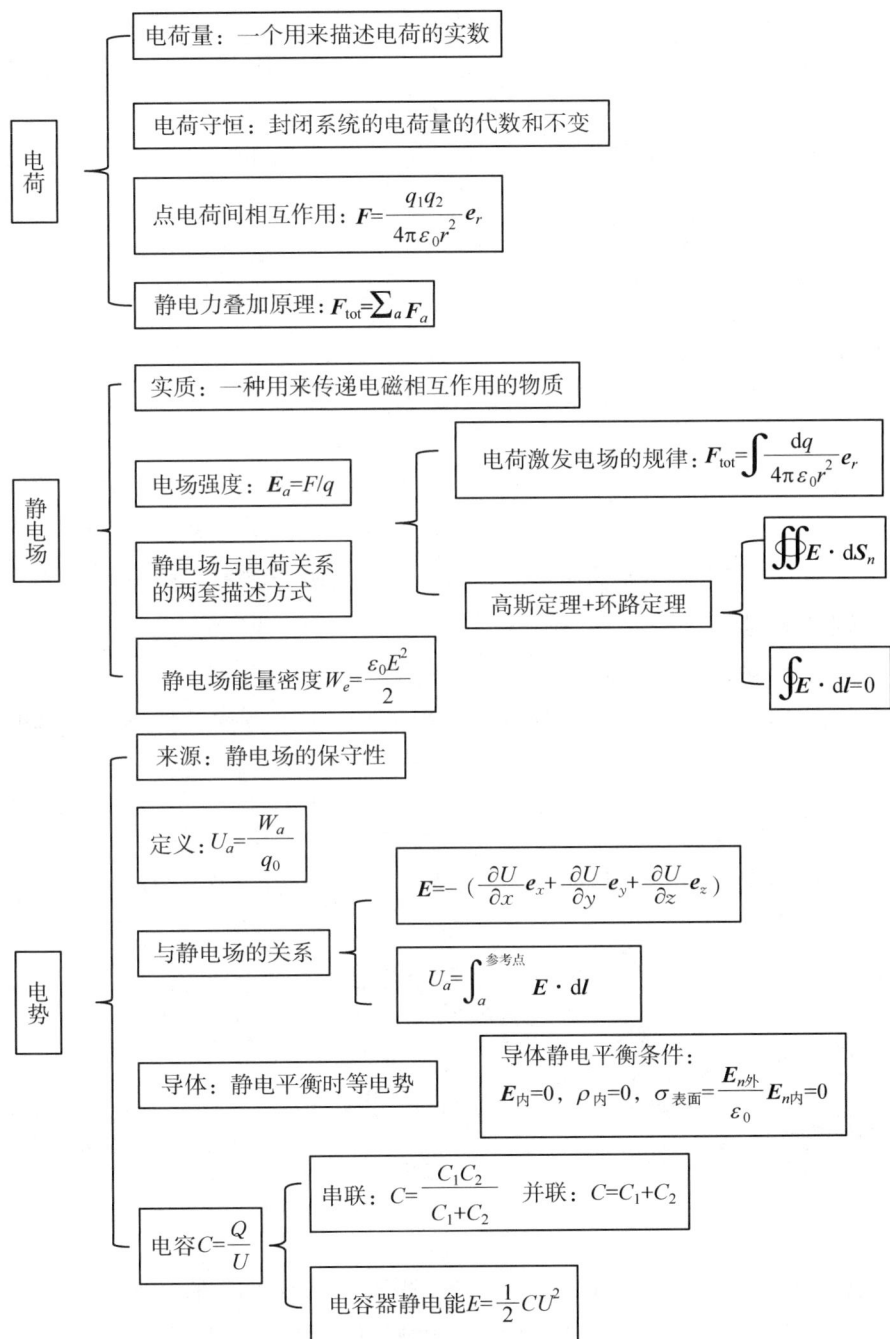

电荷
- 电荷量：一个用来描述电荷的实数
- 电荷守恒：封闭系统的电荷量的代数和不变
- 点电荷间相互作用：$F = \dfrac{q_1 q_2}{4\pi\varepsilon_0 r^2} e_r$
- 静电力叠加原理：$F_{\text{tot}} = \sum_a F_a$

静电场
- 实质：一种用来传递电磁相互作用的物质
- 电场强度：$E_a = F/q$
- 静电场与电荷关系的两套描述方式
  - 电荷激发电场的规律：$F_{\text{tot}} = \displaystyle\int \dfrac{dq}{4\pi\varepsilon_0 r^2} e_r$
  - 高斯定理+环路定理
    - $\oiint E \cdot dS_n$
    - $\oint E \cdot dl = 0$
- 静电场能量密度 $W_e = \dfrac{\varepsilon_0 E^2}{2}$

电势
- 来源：静电场的保守性
- 定义：$U_a = \dfrac{W_a}{q_0}$
- 与静电场的关系
  - $E = -\left( \dfrac{\partial U}{\partial x} e_x + \dfrac{\partial U}{\partial y} e_y + \dfrac{\partial U}{\partial z} e_z \right)$
  - $U_a = \displaystyle\int_a^{\text{参考点}} E \cdot dl$
- 导体：静电平衡时等电势
  - 导体静电平衡条件：$E_{内}=0$，$\rho_{内}=0$，$\sigma_{表面}=\dfrac{E_{n外}}{\varepsilon_0}$，$E_{n内}=0$
- 电容 $C = \dfrac{Q}{U}$
  - 串联：$C = \dfrac{C_1 C_2}{C_1 + C_2}$　并联：$C = C_1 + C_2$
  - 电容器静电能 $E = \dfrac{1}{2} C U^2$

## 练习题

1. 真空中，一均匀带电圆环的半径为 $R$，线电荷密度为 $\lambda$。

（1）试求该带电圆环中心点附近一点 $P$ 的电场强度。$P$ 与圆环平面距离为 $z$，与圆环中心轴线距离为 $r(R \gg z, r)$。

（2）试着验证在圆环中心点附近有：$\dfrac{\partial E_z}{\partial z} + \dfrac{1}{r} \dfrac{\partial (rE_r)}{\partial r} = 0$。

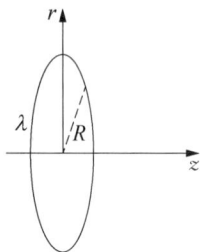

题 1

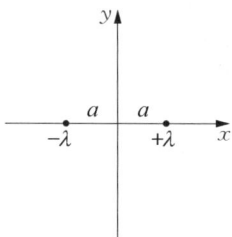

题 2

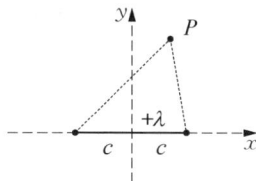

题 3

2. 真空中，两线电荷密度分别为 $\lambda(\lambda > 0)$ 和 $-\lambda$ 的无限长带电直导线相互平行且相距 $2a$，求解空间中等势面方程。

3. 一根带电导线的线电荷密度为 $\lambda$，长为 $2c$。

（1）求解空间中电场线的方程（由于系统具有旋转对称性，仅求解在 $xy$ 平面内的电场线方程即可）。

（2）求解空间中等势面方程。

4. 求椭球形孤立导体的电容，该椭球的方程为 $\dfrac{x^2}{b^2} + \dfrac{y^2}{a^2} + \dfrac{z^2}{b^2} = 1(a > b > 0)$。

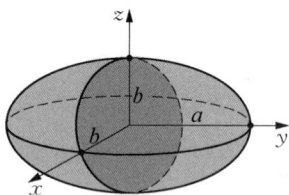

题 4

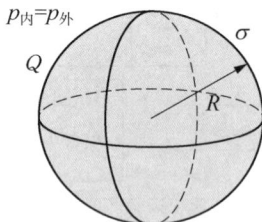

题 5

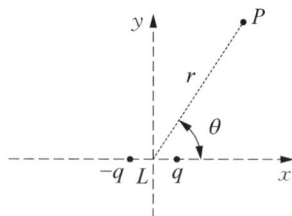

题 6

5. 一个表面张力为 $\sigma$ 的单层膜内充满了气体，假设膜上带有均匀的电荷，问当膜上的总电荷量 $Q$ 为多少时，气球能够保持半径为 $R$ 并且气球内外气压相等。

6. 试求电偶极子远处任意一点的电势和电场。电偶极子的定义见 6.2.3 例 1，该点与两点电荷连线中点的距离 $r$ 远大于两点电荷之间的距离 $L$。

# 第七章 稳恒磁场

在静止电荷的周围存在着电场,如果电荷在运动,那么在它的周围就不仅有电场,还有磁场。不随时间变化的磁场称为稳恒磁场,有时也称为"静磁场"。稳恒电流激发的磁场就是一种稳恒磁场。运动的电荷(或电流)要产生磁场,磁场又会对其他的运动电荷(或电流)有作用力。本章就是从这两个方面出发来研究磁场的。各种矢量场在研究方法上有类似之处,稳恒磁场的许多基本规律也与静电场对应,可采用与静电场对比的方法研究稳恒磁场。

## 7.1 稳恒电流

### 7.1.1 电流及电流密度

带电粒子有规则地定向移动的现象被称作电流。其中流动的带电粒子被称作载流子,有规则地定向流动是指载流子的平均速度不为 0。值得强调的是,载流子的无规则热运动就不属于有规则地定向移动,理由是热运动中,尽管载流子的平均速率不为 0,但是其平均速度为 0。另外,载流子在定向运动的过程中难免与杂质或晶格等其他物质发生碰撞,这些碰撞起到了阻碍载流子定向移动的作用,这种阻碍效应被称为材料的电阻。

为了衡量电流的强度,我们定义电流强度为单位时间内通过某个特定截面的电荷量,简称电流,即:

$$I = \frac{\mathrm{d}q}{\mathrm{d}t} \tag{7-1}$$

电流密度的通量示意图见图 7-1。

显然,当载流子的数密度、所带电荷量和平均速度相同时,电流的大小正比于所选取界面的面积。为了更直接地衡量载流子的电

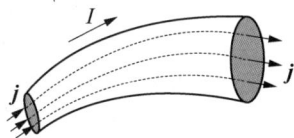

图 7-1　电流密度的通量

荷密度和平均速度,我们可以定义电流密度矢量 $\boldsymbol{j} = \sum_i \rho_i \boldsymbol{v}_i$,其中 $\boldsymbol{v}_i$ 指第 $i$ 种载流子运动的平均速度;$\rho_i$ 指第 $i$ 种载流子贡献的体电荷密度,它也可以被写成 $\rho_i = n_i q_i$,其中 $n_i$ 是第 $i$ 种载流子的数密度,$q_i$ 为每个第 $i$ 种载流子所带的电荷量。电流的单位是安培(A),代表每秒钟流经一库仑的电荷。

电流与电流密度矢量的关系就如同电场强度和电通量的关系:$\mathrm{d}t$ 时间段内流进某个截面上的一个面元的电荷量为:

$$\mathrm{d}q = \sum_i \rho_i \boldsymbol{v}_i \mathrm{d}S_\perp \, \mathrm{d}t$$

$$= \sum_i \rho_i \boldsymbol{v}_i \cdot \mathrm{d}\boldsymbol{s} \mathrm{d}t$$

因此有:

$$I = \frac{\mathrm{d}q}{\mathrm{d}t}$$

$$= \iint \sum_i \rho_i \boldsymbol{v}_i \cdot \mathrm{d}\boldsymbol{S} \qquad (7-2)$$

$$= \iint \boldsymbol{j} \cdot \mathrm{d}\boldsymbol{S}$$

实际上,电流就是电流密度的通量。

## 7.1.2 电源、电动势

导体内有持续电流的必要条件是导体的两侧有持续的电势差。然而随着载流子的规律运动和电荷的迁移,高电势一侧(正极)的正电荷流出,逐渐减少。低电势一侧(负极)的正电荷流入,逐渐增加,从而使得导体两端的电势差逐渐减小。为了使得电势差能够持续,我们需要一个装置能够持续不断地将正电荷从负极搬运回正极或是将负电荷从正极搬运回负极,这个装置被称为电源。很显然在搬运的过程中,静电力会做负功,因此,电源需要给载流子提供某种非静电力来克服静电力做功。[如图 7-2(a)、图 7-2(b)所示]

为了衡量电源的强弱,我们把电源所能维持的导体两侧最大的电势差称为电源的电动势。当电路断开时,假若电源两极的电势差小于电源的电动势,那么正电荷会在电源的正极积累,负电荷反之,从而增大导体两侧的电势差,直至电源两侧的电势差等于电动势后达到稳定。由于电源的电容值通常很小,即使电源内部可能存在着小的扰动,电源需要积累极少的电荷就能够使得电源两端的电压达

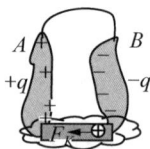

图 7-2 (a) 非静电力把正电荷从负极移至正极

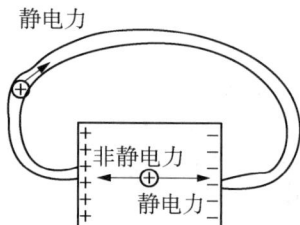

图 7-2 (b) 非静电力把正电荷从负极移至正极

到电源的电动势,因此通常我们忽略这个过程的时间,认为理想电源两端的电压始终等于电源的电动势。

然而当电路接通时,情况发生了变化,考虑到在电源搬运电荷的过程中不仅仅需要克服静电力做功,还需要克服其他阻力,而这一阻力通常正比于搬运电流的速度,即正比于通过电源的电流,因此流经电流越大,电源两端所能维持的电势差越小,这一阻碍效应被称为电源的内电阻。特别地,内电阻很小且可以忽略的电源则被称为"理想电源"。

> 电源电动势:
> $$\varepsilon_i = \frac{w}{q}$$
> $$= \oint \boldsymbol{E}_k \cdot d\boldsymbol{l}$$

# 7.2 磁　　场

## 7.2.1 磁场　磁感应强度及其叠加原理

早在古代,人们便对磁效应有了一定的了解,先人们利用天然磁石在地磁场中的运动规律发明了指南针。1820 年,奥斯特发现了电流的磁效应:小磁针会在电流的影响下发生偏转;接着,随着其他实验现象的发现与麦克斯韦方程组的建立,电与磁的关系得到了清晰的诠释。到了 20 世纪初期,随着狭义相对论的发现,人们意识到,磁场是电场的相对论效应,电磁场可以被同时写进一个反对称的洛伦兹协变的二阶张量当中。

和电场类似,磁场也可以由一个空间中的向量函数来进行描述,我们将某点处的这个向量称作该点处磁场的磁感应强度,记作:$\boldsymbol{B}(\boldsymbol{r})$。不仅如此,就如同电荷激发电场方式一样,电流对磁场的激发也是线性的,也就是说某点总的磁感应强度等于空间中各个点的电流所贡献的磁感应强度的矢量叠加,并且同一位置的电流对磁感应强度的贡献与该处电流成正比。这一性质被称作磁感应强度的叠加原理。

地球磁场

> 磁感应强度:
> $$\boldsymbol{B} = \frac{\boldsymbol{F}_{max}}{qv}$$

## 7.2.2 毕奥-萨伐尔定律

上一节中介绍的叠加原理已经相当好地描述了电流与磁感应强度之间的关系,为了完整地描述电流如何激发磁场,我们还需要了解一个单位电流元激发出的磁场的磁感应强度的具体形式,给出

磁

这一具体形式的定律被称作毕奥-萨伐尔定律。

为了简单起见，我们先从线电流入手。假定所有的电流都在导线内通过，并且导线本身的横截面积远小于导线的长度。在该假定下在某条流经电流为 $I$ 的导线上截取一段线元 $\mathrm{d}l$，可以近似认为这一段导线上的线元位于空间中的同一个点。毕奥-萨伐尔定律给出这一小段电流元（记作 $I\mathrm{d}l$）贡献的磁感应强度为（如图 7-3）：

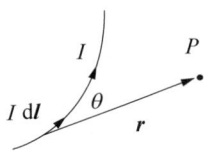

图 7-3　电流元磁感应强度

$$\mathrm{d}\boldsymbol{B}=\frac{\mu_0 I\mathrm{d}\boldsymbol{l}\times\boldsymbol{r}}{4\pi r^3} \tag{7-3}$$

其中 $\boldsymbol{r}$ 为场点相对电流元的位矢，$\mu_0$ 是一个被称为真空磁导率的常数，其大小为：$4\pi\times10^7\ \mathrm{N/A^2}$。

当电流分布是一般的体电流分布时，可以先沿着电流的流线将空间划分成无限条线电流，再在线电流上截取线元。从而将空间分割为无数个体积元，每一个体积元贡献的电流元可以被描述为：

> 毕奥-萨伐尔定律：
>
> 对线电流分布：
>
> $$\mathrm{d}\boldsymbol{B}=\frac{\mu_0 I\mathrm{d}\boldsymbol{l}\times\boldsymbol{r}}{4\pi r^3}$$
>
> 对体电流分布：
>
> $$\mathrm{d}\boldsymbol{B}=\frac{\mu_0\boldsymbol{j}\times\boldsymbol{r}}{4\pi r^3}\mathrm{d}V$$

$$\mathrm{d}I\mathrm{d}\boldsymbol{l}=\boldsymbol{j}\,\mathrm{d}\boldsymbol{S}\mathrm{d}l=\boldsymbol{j}\,\mathrm{d}V,$$

其贡献的磁感应强度为：$\mathrm{d}\boldsymbol{B}=\dfrac{\mu_0\boldsymbol{j}\times\boldsymbol{r}}{4\pi r^3}\mathrm{d}V$。

接着，再利用磁感应强度的叠加原理即可得到空间任意一点的磁感应强度。

◎**例 1**：如图 7-4 所示，有限长直导线内通有电流 $I$。点 $P$ 与导线所在的直线距离为 $a$，导线两端与 $P$ 点连线与导线的夹角分别为 $\theta_1$ 和 $\theta_2$，求解 $P$ 点处的磁感应强度。

**解**：

$$\mathrm{d}\boldsymbol{B}=\frac{\mu_0 I\mathrm{d}\boldsymbol{l}\times\boldsymbol{r}}{4\pi r^3}$$

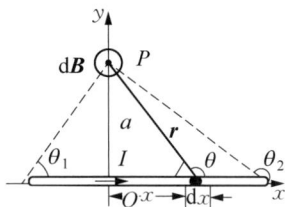

图 7-4　例 1

代入：

$$\mathrm{d}\boldsymbol{l}=\frac{a\,\mathrm{d}\theta}{\sin\theta}\boldsymbol{e}_x \qquad r=\frac{a}{\sin\theta}$$

$$\mathrm{d}\boldsymbol{B}=\frac{\mu_0 I\sin\theta}{4\pi a}\mathrm{d}\theta\boldsymbol{e}_z$$

$$\boldsymbol{B}=\frac{\mu_0 I(\cos\theta_1-\cos\theta_2)}{4\pi a}\boldsymbol{e}_z$$

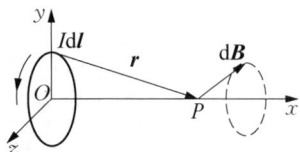

图 7-5　例 2

讨论：$\theta_1=0$，$\theta_2=\pi$ 时，得到无限长直导线产生的磁感应强度 $\boldsymbol{B}=\dfrac{\mu_0 I}{2\pi a}\boldsymbol{e}_z$。

◎**例 2**：如图 7-5 所示，设圆形电流的半径 $R$，电流为 $I$，轴线上任意

一点 $P$ 到圆心的距离为 $x$，求 $P$ 点的磁感应强度 $B$。

**解：**

$$\mathrm{d}\boldsymbol{B} = \frac{\mu_0 I \mathrm{d}\boldsymbol{l} \times \boldsymbol{r}}{4\pi r^3}$$

由对称性，$P$ 点磁感应强度必定仅有 $x$ 轴分量（水平方向）。

$$\mathrm{d}B_x = \frac{\mu_0 I R \mathrm{d}l}{4\pi (R^2 + x^2)^{\frac{3}{2}}}$$

积分得：

$$\boldsymbol{B} = \frac{\mu_0 I R^2}{2(R^2 + x^2)^{\frac{3}{2}}} \boldsymbol{e}_x$$

讨论：

当 $x = 0$ 时，$\boldsymbol{B} = \dfrac{\mu_0 I}{2R} \boldsymbol{e}_x$

◎**例 3**：如图 7-6 所示，长直螺线管是用导线密绕在半径为 $R$ 的长直圆柱上所制成的螺旋形线圈。设单位长度上有 $n$ 匝线圈。求轴线上一点 $P$ 的磁感应强度。

**解：**由对称性，$P$ 点磁感应强度必定仅有 $x$ 轴分量：

$$\mathrm{d}B_x = \frac{\mu_0 I n R^2}{2(R^2 + x^2)^{\frac{3}{2}}} \mathrm{d}x$$

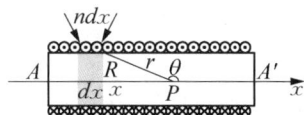

图 7-6 例 3

积分得：$\boldsymbol{B} = \dfrac{\mu_0 n I \boldsymbol{e}_x}{2} \left( \dfrac{x_2}{\sqrt{x_2^2 + R^2}} - \dfrac{x_1}{\sqrt{x_1^2 + R^2}} \right)$

特别地，当 $x_1 \to -\infty$，$x_2 \to +\infty$ 时：

$$\boldsymbol{B} = \mu_0 n I \boldsymbol{e}_x$$

# 7.3 磁高斯定理和安培环路定理

## 7.3.1 磁高斯定理

在介绍磁高斯定理之前，我们先引入磁感线和磁通量的概念。磁感线与磁感应强度的关系就如同电场线和电场强度的关系一样。

磁铁矿

规定：磁感线上任意一点沿其正向的切向为该点磁感应强度的方向，垂直于磁感线的单位面积上通过的磁感线的条数等于该处磁感应强度的大小。磁感线具有以下的性质：

（1）任何磁场中，磁感线都不会相交；

（2）每一条磁感线都是环绕电流的闭合曲线，或从无限远伸向无限远；

（3）磁感线环绕电流时，它们的方向之间服从右手螺旋定则。

值得注意的是上述的第二条性质并不能由磁感线的定义直接得到，它反映了磁场本身的某种特征，这正是本节所要重点讨论的。

在有了磁感线以后，我们可以将穿过某个曲面的磁感线数量定义为磁通量。可以利用以下的关系来计算磁通量：

$$\Phi_b = \iint \boldsymbol{B} \cdot \mathrm{d}\boldsymbol{S} \tag{7-4}$$

有了以上概念后，我们开始介绍磁高斯定理。磁高斯定理指：任意闭合曲面的总磁通量为 0。即：

$$\oiint \boldsymbol{B} \cdot \mathrm{d}\boldsymbol{S}_n = 0 \tag{7-5}$$

> 磁高斯定理：
>
> $$\oiint \boldsymbol{B} \cdot \mathrm{d}\boldsymbol{S}_n = 0$$

由于磁感线总是闭合的，因此不难发现，任何一条磁感线穿入闭合曲面后必定还会穿出，不存在磁感线穿入并最终汇入曲面内某点的情况，也不存在磁感线以曲面内某点为源头穿出曲面的情况。我们将这一性质称作磁场的"无源性"，具有该性质的场被称作"无源场"。

为了在数学上更方便地描述一个场的无源性，我们可以将一个闭合的曲面所包围的空间切分成无限个小的正方体方块，其中每一个小方块都由一个新的闭合曲面所包围。那么内部所有小方块的通量的总和必定等于原闭合曲面的总通量，理由是：任意在切割中新产生的面总是两个小方块相邻面，相邻面上，两个闭合曲面向外的法向量恰好反向，因此，这些相邻面贡献的总通量为 0，因此，所有对总通量有贡献的量仅有原闭合曲面。所以，任意闭合曲面的总通量为 0，当且仅当任意的小方块贡献的通量为 0。[如图 7-7(a)、图 7-7(b)所示]

下面我们计算空间中任意小方块贡献的通量：平行于 $yz$ 平面的两个面向外的法向量分别沿正、负 $x$ 轴的方向且相距为 $\mathrm{d}x$，故两个面贡献的通量为：

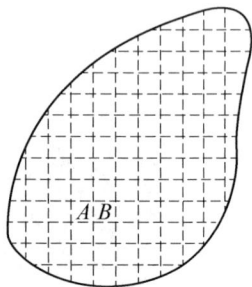

图 7-7 （a）空间中任一闭合曲面

$$\left[B_x(x+\mathrm{d}x)-B_x x\right]\mathrm{d}y\mathrm{d}z=\frac{\partial B_x}{\partial x}\mathrm{d}x\mathrm{d}y\mathrm{d}z$$

同理可得到剩余两对面贡献的通量分别为：

$$\frac{\partial B_y}{\partial y}\mathrm{d}x\mathrm{d}y\mathrm{d}z,\ \frac{\partial B_z}{\partial z}\mathrm{d}x\mathrm{d}y\mathrm{d}z$$

综上，小方块的表面的总通量为：

$$\Phi_b=\left(\frac{\partial B_x}{\partial x}+\frac{\partial B_y}{\partial y}+\frac{\partial B_z}{\partial z}\right)\mathrm{d}x\mathrm{d}y\mathrm{d}z$$

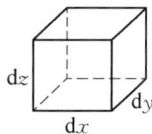

图 7-7 (b) 闭合曲面内任一正方体方块

场无源的充分必要条件为：对于空间中的任意一点有：$\frac{\partial B_x}{\partial x}+\frac{\partial B_y}{\partial y}+\frac{\partial B_z}{\partial z}=0$。我们将等号左边记作 $\mathrm{div}\boldsymbol{B}$，称作 $\boldsymbol{B}$ 场的散度。所谓无源场实际上就是散度处处为 0 的场。

## 7.3.2 安培环路定理

磁场的高斯定理刻画了稳恒磁场的无源性，安培环路定理则将刻画稳恒磁场的另一部分性质。

在先前对磁感线的讨论中，我们发现磁感线往往与电流线相互环绕，相互贯穿。我们不难发现穿过闭合磁感线的电流线似乎与磁感线的环路积分之间存在着一定的关系。下面，我们将试着求解环路积分：$\oint\boldsymbol{B}\cdot\mathrm{d}\boldsymbol{l}$ 与电流分布之间的关系。

同样地，简单起见，我们先假定所有的电流分布均为线电流分布。由毕奥-萨伐尔定律：

$$\boldsymbol{B}\cdot\mathrm{d}\boldsymbol{l}=\oint\frac{\mu_0 I\mathrm{d}\boldsymbol{l}'\times\boldsymbol{r}}{4\pi r^3}\cdot\mathrm{d}\boldsymbol{l}$$

利用矢量三重积的性质：$\boldsymbol{A}\cdot(\boldsymbol{B}\times\boldsymbol{C})=\boldsymbol{B}\cdot(\boldsymbol{C}\times\boldsymbol{A})$，我们将上式变形为：

$$\boldsymbol{B}\cdot\mathrm{d}\boldsymbol{l}=\oint\frac{\mu_0 I\mathrm{d}\boldsymbol{l}\times\mathrm{d}\boldsymbol{l}'}{4\pi r^3}\cdot\boldsymbol{r}$$

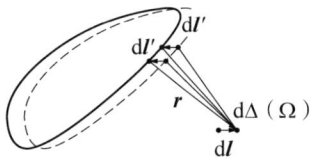

图 7-8 $r$ 的变化

如图 7-8 所示，将场点移动 $\mathrm{d}\boldsymbol{l}$ 时 $r$ 的变化与将源点反向移动 $\mathrm{d}\boldsymbol{l}$ 时 $r$ 的变化相同。$\mathrm{d}\boldsymbol{l}\times\mathrm{d}\boldsymbol{l}'$ 就是图中小平行四边形的面元矢量，而 $\frac{\mathrm{d}\boldsymbol{l}\times\mathrm{d}\boldsymbol{l}'}{r^3}\cdot\boldsymbol{r}$ 事实上就是这个小平行四边形对场所张的立体角。对 $l'$

进行环路积分以后，我们得到的 $\oint \dfrac{\mathrm{d}\boldsymbol{l} \times \mathrm{d}\boldsymbol{l}'}{r^3} \cdot \boldsymbol{r}$，其实就是源点移动前后，电流环对源点所张的立体角的变化量。

接着我们再对 $\boldsymbol{B} \cdot \mathrm{d}\boldsymbol{l}$ 在一个新的环路上进行积分。如果这个新的环路被电流线穿过，那么场点每绕过电流线一圈，整个电流环对源点所张的立体角就会变化一个 $4\pi$，若新环路不被电流线穿过，则电流环对源点所张的立体角不变化。那么我们得出：

$$\oint \boldsymbol{B} \cdot \mathrm{d}\boldsymbol{l} = n\mu_0 I$$

其中 $n$ 是环路被某条电流线穿过的次数。若同一电流穿过一个环路内不同的位置 $n$ 次相当于穿过该环路的总电流为 $I_{tot} = nI$，因此有：$\oint \boldsymbol{B} \cdot \mathrm{d}\boldsymbol{l} = \mu_0 I_{tot}$。

实际空间中可能不仅只有一条电流线，因此我们运用磁感应强度的叠加原理，对不同的电流线求和，得到：

$$\oint \boldsymbol{B} \cdot \mathrm{d}\boldsymbol{l} = \mu_0 \sum_i I_{i_{tot}} = \mu_0 I_{tot} \qquad (7-6)$$

这就是安培环路定理，对于体电流分布，我们可以将体电流划分成无数条线电流并累加求和，此时安培环路定理可以被写成：

$$\oint \boldsymbol{B} \cdot \mathrm{d}\boldsymbol{l} = \iint \mu_0 \boldsymbol{j} \cdot \mathrm{d}\boldsymbol{S}$$

下面是几点说明与注意事项：

（1）$\sum I_{i_{tot}}$ 为代数和，其中 $I_{tot}^i$ 正负的规定：$I_{tot}^i$ 的方向与环路 $L$ 绕向成右手螺旋关系时，$I_{tot}^i$ 取正；反之取负。

（2）$\boldsymbol{B}$ 是环路 $L$ 内、外所有电流激发的总磁场。但只有被环路 $L$ 所围的 $I_{tot}^i$ 对 $\boldsymbol{B}$ 的环流有贡献。

（3）安培环路定理仅适用于闭合恒定电流回路。不适用于一段电流，也不适用于非恒定磁场。

（4）稳恒磁场为有旋场、非保守场。

**思考与讨论：**

分别求下图三个环路的 $\oint \boldsymbol{B} \cdot \mathrm{d}\boldsymbol{l}$。

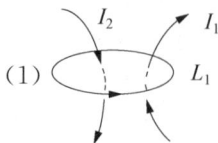

（1）

---

安培环路定理：

在稳恒电流的磁场中，磁感应强度沿任何闭合路径 $L$ 的线积分（环流）等于路径 $L$ 内所包围的电流的代数和的 $\mu_0$ 倍：

$$\oint \boldsymbol{B} \cdot \mathrm{d}\boldsymbol{l} = \mu_0 \sum_i I_{i_{tot}}$$
$$= \mu_0 I_{tot}$$
$$= \iint \mu_0 \boldsymbol{j} \cdot \mathrm{d}\boldsymbol{S}$$

$$\oint \boldsymbol{B} \cdot \mathrm{d}\boldsymbol{l} = \mu_0 (I_1 - I_2)$$

(2)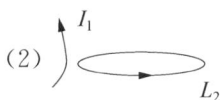

$$\oint \boldsymbol{B} \cdot \mathrm{d}\boldsymbol{l} = 0$$

(3)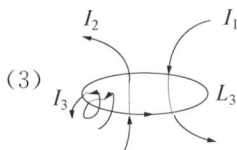

$$\oint \boldsymbol{B} \cdot \mathrm{d}\boldsymbol{l} = \mu_0 (I_2 - I_1 - 2I_3)$$

### 7.3.3　安培环路定理的应用

和静电场的高斯定理一样,安培环路定理可以十分方便地求解一些对称性良好的体系的磁场。具体步骤如下:

(1) 分析磁场分布的对称性(轴对称、面对称)。

(2) 选择适当的安培回路作为积分路径,积分路径必须通过所要求的场点。

(3) 通过适当的积分路径使 $\boldsymbol{B}$ 能从 $\oint \boldsymbol{B} \cdot \mathrm{d}\boldsymbol{l}$ 中以标量的形式被提取出来。

(4) 利用安培环路定理分别计算 $\oint \boldsymbol{B} \cdot \mathrm{d}\boldsymbol{l}$ 的环流和积分路径所包围的电流的代数和 $\sum_i I_{\mathrm{tot}}^i$ ,并判断电流的正负。

(5) 求出 $\boldsymbol{B}$ 。

◎**例 4**:如图 7-9 所示,求体电流密度为 $j$ ,半径为 $R$ 的无限长载流圆柱形导体的磁场。

**解**:系统轴对称,取一半径为 $r$ 的以圆柱体轴线为中心且垂直于圆柱体轴线的圆,使用安培环路定理,得:

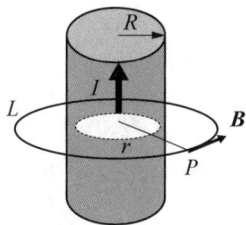

图 7-9　例 4

$$B 2\pi r = \mu_0 j \pi R^2 \ (R < r)$$

$$B 2\pi r = \mu_0 j \pi r^2 \ (R > r)$$

$$\boldsymbol{B}(r) = \frac{\mu_0 j R^2}{2r} \boldsymbol{e}_\theta \ (R < r)$$

$$\boldsymbol{B}(r) = \frac{\mu_0 j r}{2} \boldsymbol{e}_\theta \ (r < R)$$

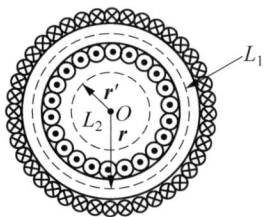

图 7 - 10　例 5

◎**例 5**：如图 7 - 10 所示，求载流螺绕环的磁场分布。已知：螺绕环共有 $N$ 匝，流经电流为 $I$。

**解**：在环内：取 $r$ 为半径的圆为积分回路：

$$B2\pi r = \mu_0 NI$$

$$B = \frac{\mu_0 NI}{2\pi r}$$

在环外：$B = 0$。

# 7.4　带电粒子在磁场中的运动

## 7.4.1　带电粒子在磁场中的受力

带电粒子在磁场中运动时会受到一个额外力的作用，这个力被称为洛伦兹力。其具体形式为：

$$\boldsymbol{F} = q\boldsymbol{v} \times \boldsymbol{B} \tag{7 - 7}$$

其中 $F$ 的方向需要通过右手螺旋定则来确定。

值得注意的是，当我们对上式的所有物理量做镜面反射变换之后，$F$ 的变换将不再满足右手螺旋定则而将满足左手螺旋定则，这似乎意味着一个带电粒子在电磁场中的运动规律不具有空间镜面反射的不变性。

然而事实并非如此。磁场 $\boldsymbol{B}$ 的方向事实上是通过电流和位矢的右手螺旋定则确立出来的（见图 7 - 11），那么，在空间镜面反射变换之后，确定磁场的右手定则也要相应地转化为左手定则。

当我们同时将洛伦兹力的叉乘规则和毕奥-萨伐尔定律中的叉乘规则从右手定则转化为左手定则后，最终洛伦兹力相当于反向了两次，不会发生变化，因此我们得到结论，对一个运动电荷和电流分布，同时做空间镜面反射变换后，系统的运动规律是不变的。

我们把这种性质称作电磁相互作用的宇称守恒性。在普通物理学阶段，我们学习到的几乎所有的物理学规律都是宇称守恒的，只有在出现弱相互作用时，宇称守恒性才会受到破坏。

> 洛伦兹力：
> $$\boldsymbol{F} = q\boldsymbol{v} \times \boldsymbol{B}$$

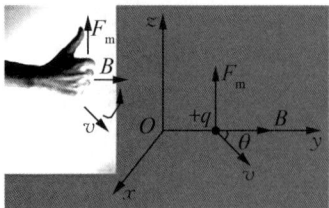

图 7 - 11　洛伦兹力及右手螺旋定则

## 7.4.2 带电粒子在磁场中的运动

简单起见本节中我们仅仅讨论带电粒子在匀强磁场中的运动。我们分三类情况讨论。

（1）若带电粒子的初速度平行于磁场方向，那么带电粒子始终不受洛伦兹力，因此带电粒子保持匀速直线运动。［如图 7-12(a) 所示］

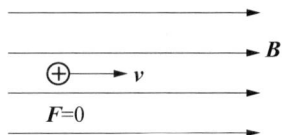

图 7-12 (a) 匀速直线运动

（2）若带电粒子的初速度垂直于磁场方向，那么带电粒子受到的洛伦兹力在垂直于磁场方向的平面内，且方向始终垂直于目前的速度方向，故带电粒子会做半径为 $R = \dfrac{mv}{qB}$ 的圆周运动。［如图 7-12(b)所示］

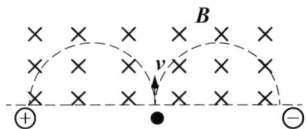

图 7-12 (b) 圆周运动

（3）若带电粒子的初速度方向任意，那么由于洛伦兹力关于速度是线性的可以将初速度分解成平行于磁场方向的分量和垂直于磁场方向的分量分别求解运动速度变化，最终将两个速度矢量叠加即可得到，带电粒子在沿平行于磁场的方向平移的同时在垂直于磁场的方向做匀速圆周运动，即带电粒子在磁场内沿着螺旋线运动。［如图 7-12(c)所示］

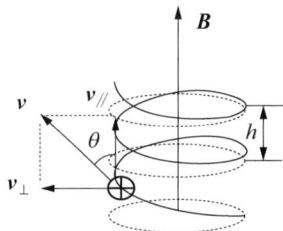

图 7-12 (c) 螺旋线运动

# 7.5 载流导线在磁场中受力

## 7.5.1 安培力

载流导线中存在着运动的电荷，那么自然地，载流导线也会受到洛伦兹力的作用。载流导线中所有载流电荷运动所受到的洛伦兹力的合力被称作载流导线所受到的安培力。

为了求解载流导线，我们将选取导线上的一段线元 $\mathrm{d}\boldsymbol{l}$ 进行分析。该段载流子所受的洛伦兹力的合力为：

$$\mathrm{d}\boldsymbol{F} = \sum_i q_i \boldsymbol{v}_i \times \boldsymbol{B}$$

注意到：

$$\sum_i q_i \boldsymbol{v}_i = I\,\mathrm{d}t\,\bar{\boldsymbol{v}}_i = I\,\mathrm{d}\boldsymbol{l}$$

因此有：

$$\mathrm{d}\boldsymbol{F} = I\,\mathrm{d}\boldsymbol{l} \times \boldsymbol{B} \tag{7-8}$$

## 7.5.2　载流线圈在磁场中的动力学

首先分析线圈的受力，有命题：任意闭合的载流线圈在匀强磁场中受到的合力必定为 0。证明如下：

合力为：

$$\boldsymbol{F} = \oint \mathrm{d}\boldsymbol{F} = \oint I\,\mathrm{d}\boldsymbol{l} \times \boldsymbol{B} = I\left(\oint \mathrm{d}\boldsymbol{l}\right) \times \boldsymbol{B} = 0$$

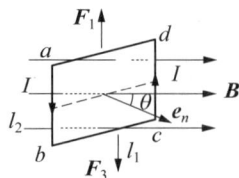

图 7 - 13　(a) 矩形载流线圈在匀强磁场中所受的磁力矩（正视图）

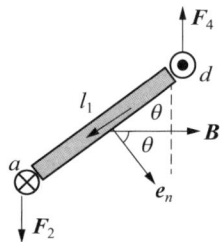

图 7 - 13　(b) 矩形载流线圈在匀强磁场中所受的磁力矩（俯视图）

尽管不受合力，但是载流线圈在匀强磁场中会受到力矩的作用，简单起见，先分析矩形载流线圈在匀强磁场中所受的力矩。

先考虑如图 7 - 13(a)、图 7 - 13(b) 所示的载流线圈。显然，$ad$、$bc$ 两边受力方向相反且贡献相同，不提供力矩。对力矩产生贡献的是 $ab$、$cd$ 两边所受的力。如俯视图所示：$ab$、$cd$ 两边所受到的力构成了一对力偶，两个力的大小均为 $BIl_2$，作用直线相距 $l_1\sin\theta$，其中 $\theta$ 为平面法向与磁场的夹角。因此总力矩为 $BIl_2l_1\sin\theta$。方便起见，我们定义磁矩 $\boldsymbol{m} = I\boldsymbol{S}$，$\boldsymbol{S}$ 为载流线圈围成的面矢量，$\boldsymbol{S}$ 的方向由电流方向和右手螺旋定则确定，最终，载流线圈所受到的力矩可以写成如下简洁的形式：

$$\boldsymbol{M} = \boldsymbol{m} \times \boldsymbol{B} \tag{7-9}$$

一般的载流线圈的形状往往是不规则的，并且未必在一个平面上，不过好在我们可以将线圈拆分成无数个正方形的无限小环路的叠加，相邻的小环路上邻边的电流恰好反向，因此相互抵消。最终，我们只需将总磁矩定义为这些无限小方形环路所贡献的矢量和即可。

进一步地，我们还可以定义线圈在匀强磁场中的能量。我们以磁矩与磁场平行的状态为参考状态，有：

$$E = \int_\theta^{\frac{\pi}{2}} M\,\mathrm{d}\theta' = -\boldsymbol{m} \times \boldsymbol{B} \tag{7-10}$$

这即是载流线圈在匀强磁场中的动力学规律。

磁矩

　　对共面环路：

$$\boldsymbol{m} = I\boldsymbol{S}$$

　　对不共面环路：

$$\boldsymbol{m} = I\iint \mathrm{d}\boldsymbol{S}$$

在匀强磁场中，磁矩所受力矩：

$$\boldsymbol{M} = \boldsymbol{m} \times \boldsymbol{B}$$

能量：

$$E = -\boldsymbol{m} \times \boldsymbol{B}$$

# 本章重点知识小结

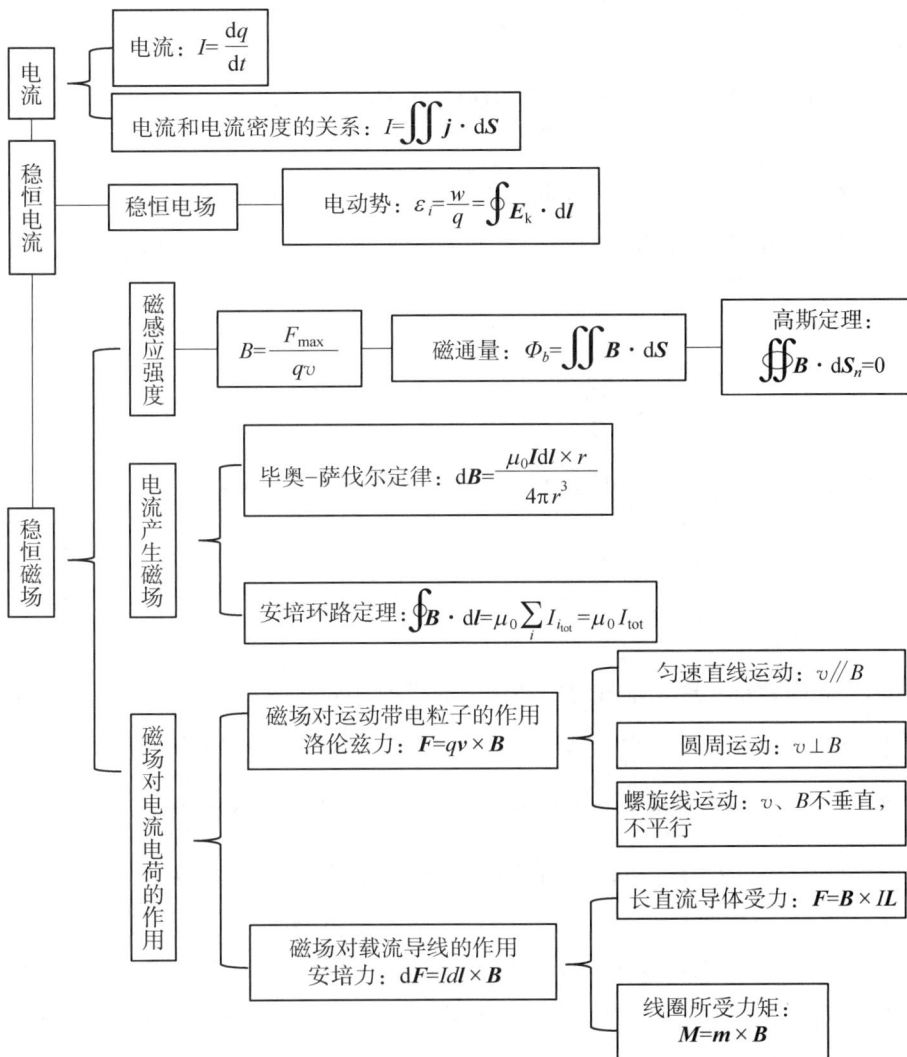

电流 ─┬─ 电流：$I=\dfrac{\mathrm{d}q}{\mathrm{d}t}$

　　　└─ 电流和电流密度的关系：$I=\iint j \cdot \mathrm{d}S$

稳恒电流 ─── 稳恒电场 ─── 电动势：$\varepsilon_i=\dfrac{w}{q}=\oint E_k \cdot \mathrm{d}l$

稳恒磁场 ─┬─ 磁感应强度 ─── $B=\dfrac{F_{max}}{q\upsilon}$ ─── 磁通量：$\Phi_b=\iint B \cdot \mathrm{d}S$ ─── 高斯定理：$\oiint B \cdot \mathrm{d}S_n=0$

　　　　　├─ 电流产生磁场 ─┬─ 毕奥-萨伐尔定律：$\mathrm{d}B=\dfrac{\mu_0 I \mathrm{d}l \times r}{4\pi r^3}$

　　　　　│　　　　　　　　└─ 安培环路定理：$\oint B \cdot \mathrm{d}l=\mu_0 \sum_i I_{i_{tot}}=\mu_0 I_{tot}$

　　　　　└─ 磁场对电流电荷的作用 ─┬─ 磁场对运动带电粒子的作用 洛伦兹力：$F=q v \times B$ ─┬─ 匀速直线运动：$\upsilon /\!/ B$

　　　　　　　　　　　　　　　　　│　　　　　　　　　　　　　　　　　　　　　├─ 圆周运动：$\upsilon \perp B$

　　　　　　　　　　　　　　　　　│　　　　　　　　　　　　　　　　　　　　　└─ 螺旋线运动：$\upsilon$、$B$不垂直，不平行

　　　　　　　　　　　　　　　　　└─ 磁场对载流导线的作用 安培力：$\mathrm{d}F=I\mathrm{d}l \times B$ ─┬─ 长直流导体受力：$F=B \times IL$

　　　　　　　　　　　　　　　　　　　　　　　　　　　　　　　　　　　　　　　└─ 线圈所受力矩：$M=m \times B$

## 练习题

1. 如图,空间中一个半径为 $a$ 的导体环通有右手螺旋向上的电流 $I$,求解空间中远场的磁场分布 $\boldsymbol{B}(r,\theta)(r \gg a)$。

2. 求解一个电荷半径为 $R$ 的总电荷量为 $Q$ 的均匀带电球以角速度 $\omega$ 匀速旋转时的总磁矩。

3. 如图,空间中有沿 $y$ 方向的匀强磁场 $\boldsymbol{B}$,一个质量为 $m$,电荷量为 $q$ 的粒子在原点处由静止释放,求解该粒子的运动方程。(设空间中的重力加速度为 $\boldsymbol{g} = -g\boldsymbol{e}_z$)

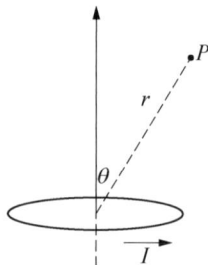

题 1

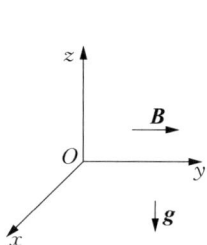

题 3

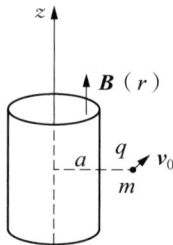

题 4

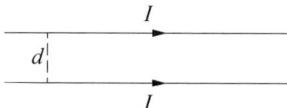

题 5

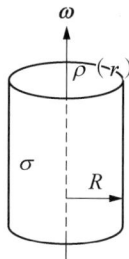

题 6

4. 如图,空间中分布有沿 $z$ 轴方向的轴对称的磁场 $\boldsymbol{B}(r) = kr\boldsymbol{e}_z$,空间中,一个质量为 $m$、电荷量为 $q$ 的粒子在距离轴线 $a$ 处以初速度 $v_0$ 垂直于镜像方向,初始角动量方向与磁场方向相同,求解该电荷在运动过程中与轴线的最大与最小距离。其中:无量纲常数 $\dfrac{mv_0}{qka^2} = -2$。

5. 求两根相互平行的相距为 $d$ 的通有同向电流 $I$ 的无限长直导线(如图)单位长度所受到的安培力。

6. 金属中带正电离子无法自由移动,但是带负电的电子却可以自由移动,求一个半径为 $R$ 的无限长的金属导体以角速度 $\omega$ 高速旋转时,导体内部的体电荷密度和导体表面的面电荷密度。设电子质量为 $m$,电荷量为 $-e$。

# 第八章　电磁感应与电磁场

电磁感应现象的发现是电磁学发展史上的一个重要成就,它进一步揭示了自然界电现象与磁现象之间的联系。电磁感应现象的发现,在理论上为揭示电与磁之间的相互联系和转化奠定了实验基础,而且电磁感应定律本身就是麦克斯韦电磁理论的基本组成部分之一;在实践上它为人类获取巨大而廉价的电能开辟了道路,标志着一场重大的工业和技术革命的到来。

## 8.1　电磁感应定律

### 8.1.1　法拉第及法拉第电磁感应定律

#### 1. 基本电磁感应现象

在奥斯特发现电流的磁效应后,人们渴望寻找到其逆效应,即从磁产生电流的效应。在奥斯特的启发下,法拉第经过 10 年的探索,于 1831 年发现了电磁感应现象。我们从几个基本电磁感应现象出发,研究电磁感应现象的共性。

(1) 磁铁运动引起感应电流。当永久磁铁移近或远离一个闭合的导线回路时,回路中产生了电流;一旦磁铁的运动停止,感应电流就会消失。这说明,感应电流产生的关键在于磁铁的运动。实验进一步表明,运动越快,感应电流越大,且感应电流的方向与磁铁的运动方向有关,磁铁移近和远离回路时产生的感应电流相反。若固定磁铁不动,让回路移近或远离磁铁,也能观察到类似现象。

(2) 一通电线圈电流的变化使另一线圈产生电流(两个线圈靠得很近但相对静止)。两个线圈虽然没有运动,但通电线圈的电流发生变化,也会使另一线圈产生感应电流。感应电流的大小正比于通电线圈中电流的变化速率。

（3）闭合线圈在磁场中平动和转动或者改变面积时，也会产生感应电流。感应电流大小正比于面积的变化速率。

（4）闭合电路的一部分切割磁感线，也会产生感应电流。感应电流大小正比于切割磁感线的导线的速率。

根据以上基本电磁感应现象，关注其共性，我们可以总结出：当穿过闭合回路所围面积的磁通量发生变化时，回路中都会建立起感应电动势。

### 2. 电磁感应定律

以上基本电磁感应现象和分析，已经指明了感应电动势产生的原因及大小，那就是：不论任何原因使穿过闭合回路面积的磁通量发生变化时，回路中都会产生感应电动势，即

$$\varepsilon = -k\frac{\mathrm{d}\Phi}{\mathrm{d}t}$$

其中，$\Phi$ 是通过回路的磁通量，$k$ 为比例系数。

在国际单位制（SI）中，电动势的单位是 V（伏特），磁通量的单位是 Wb（韦伯），这时的比例系数 $k=1$。因此，在 SI 中，有

$$\varepsilon = -\frac{\mathrm{d}\Phi}{\mathrm{d}t}$$

关于公式中的负号，这与感应电动势的方向有关，是楞次定律要求的体现。

这里，我们再讨论生活中常见的由多匝线圈绕制而成的回路。若回路由 N 匝密绕线圈组成，且穿过每匝线圈的磁通量都等于 $\Phi$，我们就可以定义磁通链为单个线圈的磁通量乘以匝数，即 $\Psi = N\Phi$。整个回路产生的感应电动势就是

$$\varepsilon = -\frac{\mathrm{d}(N\Phi)}{\mathrm{d}t} = -N\frac{\mathrm{d}\Phi}{\mathrm{d}t}$$

利用法拉第电磁感应定律，我们可以方便地计算出一个时间间隔内，感应电流流过导线任一截面的电荷量。假设闭合回路的电阻是 $R$，感应电流为时间的函数，是 $I(t)$，由欧姆定律，得

$$I(t) = \frac{\varepsilon}{R} = -\frac{N}{R}\frac{\mathrm{d}\Phi}{\mathrm{d}t}$$

可以得到在 $\Delta t = t_2 - t_1$ 内通过的感生电荷量：

$$Q = \int_{t_1}^{t_2}\mathrm{d}q(t) = \int_{t_1}^{t_2}I(t)\mathrm{d}t = \int_{t_1}^{t_2}-\frac{N}{R}\frac{\mathrm{d}\Phi}{\mathrm{d}t}\mathrm{d}t$$

$$=-\frac{N}{R}\big[\Phi(t_2)-\Phi(t_1)\big]$$

## 8.1.2  楞次定律

为了弄清感应电流的方向,也就是感应电动势的正负,俄国物理学家楞次在大量实验的基础上,于 1833 年 11 月发现了楞次定律:闭合回路中的感应电流的方向,总是使感应电流本身所产生磁场来阻止引起感应电流的磁通量的改变;或者说,感应电流的效果总是反抗引起感应电流的原因。观察图 8-1,我们可以运用楞次定律分析感应电流方向。当杆 ab 向右运动的过程中,通过回路的磁通量变大。为抵消磁通量的变大,感应电流产生的磁场应该抵消部分磁场,则感应电流的方向应该为逆时针,即按照 a-c-d-b-a 的顺序。换一种方法理解,因为感应电流的效果总是反抗引起感应电流的原因,而在本例中,感应电流产生的原因是杆 ab 的运动,因此感应电流的效果应该阻碍杆 ab 的继续运动。我们知道,载流导线在磁场中会有受力,这正是感应电流的效果,那么这个力一定是向左的。最终,我们也可以分析出感应电流的方向应该为逆时针。

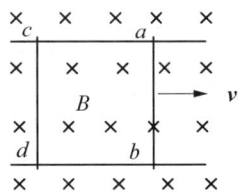

图 8-1  用楞次定律分析感应电流方向

本质上讲,楞次定律是能量守恒定律的一种体现。由上述分析我们可以知道,杆 ab 的受力是向左的,即磁场阻碍了杆的运动。由焦耳定律,杆运动产生的感应电流势必会转化为热能耗散,故杆运动的动能一定是不断减少的,因此就一定要求其受力与运动方向相反,则杆中电流的方向一定向上。

接下来,我们再来简单分析第一类基本电磁感应现象中的感应电流的方向,希望这些例子能够更好地帮助理解楞次定律。首先,我们考虑一个 N 极指向回路的、朝向回路运动的磁铁,如图 8-2。我们知道,越靠近磁铁的两极,磁感线越密集,磁场强度越强,而回路的面积不变。因此,随着磁铁的接近,磁通量在变大。为了抵消磁通量的变大,感应电流产生的磁场的方向应该与磁铁产生的磁场方向相反。N 极产生的磁场方向是指向外的,最终汇聚于 S 极,在图中就是朝向左侧。那么感应电流产生的磁场应该朝右,从左往右看,回路中感应电流的方向应该是顺时针。如果改变磁铁的运动方向,使其远离回路,此时回路中的磁场逐渐减小,磁通量减小,感应电流产生的磁场需要"补充"减小的磁通量,因此该磁场需要与磁铁磁场同方向。那么从左往右看,回路中感应电流的方向就是逆时针

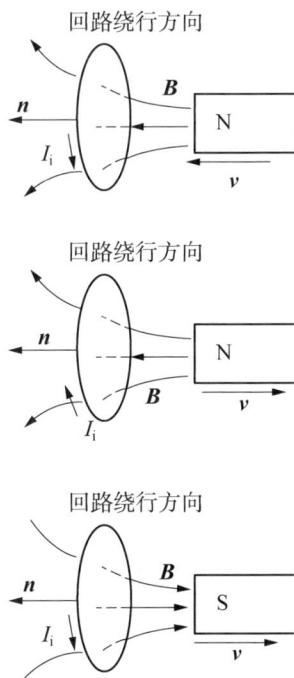

图 8-2  磁铁

了。如果再旋转磁铁,使得 S 极指向回路,那么就改变了磁铁的磁场方向,回路中的感应电流应该同步改变方向,以使得楞次定律成立。读者可以详细讨论这种情况作为练习。

◎**例 1**:如图 8-3 所示,空间分布着均匀磁场 $B=B_0\sin\omega t$,一旋转半径为 $r$,长为 $l$ 的矩形导体线圈以匀角速度 $\omega$ 绕与磁场垂直的轴 $OO'$ 旋转,$t=0$ s 时,线圈的法向 $\boldsymbol{n}$ 与 $\boldsymbol{B}$ 之间夹角 $\varphi_0=0$。求:线圈中的感应电动势。

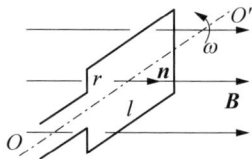

图 8-3    例 1

**解**:设 $t$ 时刻通过线圈的磁通量为 $\phi$,有:

$$\phi = \boldsymbol{B} \cdot \boldsymbol{S} = BS\cos\omega t$$
$$= B_0\sin\omega t\, 2rl\cos\omega t$$
$$= B_0 rl \sin 2\omega t$$

则线圈中的感应电动势为:

$$\varepsilon = -\frac{\mathrm{d}\phi}{\mathrm{d}t} = -2\omega B_0 rl\cos 2\omega t$$

方向随余弦值正负逆时针变化。

# 8.2    动生电动势与感生电动势

## 8.2.1    动生电动势

法拉第电磁感应定律总结了电磁感应现象,它将产生感应电动势的原因归于磁通量的变化。从磁通量的定义出发,我们能将磁通量的变化归纳为两种,并据此将感应电动势分为两种,即动生电动势与感生电动势。

根据定义,我们有

$$\Phi = \int_S \boldsymbol{B} \cdot \mathrm{d}\boldsymbol{S}$$

则磁通量由磁感应强度、回路面积以及面积在磁场中的取向决定。我们通常把由于磁感应强度变化引起的感应电动势称为感生电动势,而把由于回路所围面积的变化或面积取向变化而引起的感应电动势称为动生电动势。这一节我们主要讨论动生电动势。

动生电动势可由洛伦兹力给出解释。我们知道,磁场对运动电荷有力的作用。如图 8-4 所示,当导体杆 $OP$ 在磁场 $B$ 中以速度 $v$ 运动时,其中电子(带电量为 $-e$)也跟随杆以相同横向速度运动。

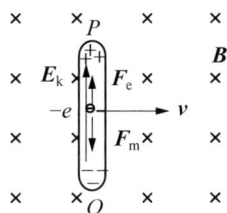

图 8-4　导体杆

由洛伦兹力公式,我们知道导体杆中自由运动的电子受到的洛伦兹力为

$$F_m = (-e)v \times B$$

方向由 $P$ 指向 $O$,它使电子趋向于 $O$ 端。当导体杆内部未建立电场时,这些电子会偏向 $O$ 端并在 $O$ 端产生较多的负电荷分布,相应地,在导体杆的另一侧就会有较多的正电荷分布。这就在导体杆内部建立起了相对于杆的静电场。当达到平衡状态时,电子受力应该是平衡的,即

$$F_m + F_e = 0$$

其中,洛伦兹力是非静电力,有非静电场

$$E_k = \frac{F_m}{-e} = v \times B$$

根据定义,我们就可以知道感应电动势

$$\varepsilon_i = \int_{OP} E_k \cdot dl = \int_{OP} (v \times B) \cdot dl$$

对于直导线,这一积分的结果就是 $vBL$。匀强磁场 $v \times B$ 与 $l$ 同向。

## 8.2.2　感生电动势

### 1. 感生电场

在固定不动的导体回路中,因磁场变化而产生的感应电动势是不能用洛伦兹力解释的,因为磁场对静止电荷是没有作用力的。磁场力不存在,而感应电流却真实地存在,这说明导线中的自由电子受到了非静电力的作用。自由电子受到的力,无非电场力与磁场力两类,而磁场力又不存在,这暗示着导线中存在着其他电场。为了解释这一类电磁感应现象,麦克斯韦假设:变化的磁场在其周围空间激发了一种电场,叫作感生电场(涡旋电场)。由感生电场引起的电动势称为感生电动势。

若用 $\varepsilon_i$ 表示感生电动势,则感生电动势为

$$\varepsilon_i = \oint_C \boldsymbol{E}_r \cdot \mathrm{d}\boldsymbol{l}$$

又由法拉第电磁感应定律,有

$$\varepsilon_i = \oint_C \boldsymbol{E}_r \cdot \mathrm{d}\boldsymbol{l} = -\frac{\mathrm{d}\Phi}{\mathrm{d}t} = -\frac{\mathrm{d}}{\mathrm{d}t} \int_S \boldsymbol{B} \cdot \mathrm{d}\boldsymbol{S}$$

其中,$C$ 是任一闭合路径,可以是一个导线回路,也可以是任意一个想象中的闭合积分路径,$S$ 是以闭合路径 $C$ 为周界的任意曲面。因为回路固定不动,上式可以写成

$$\oint_C \boldsymbol{E}_r \cdot \mathrm{d}\boldsymbol{l} = -\int_S \frac{\partial \boldsymbol{B}}{\partial t} \cdot \mathrm{d}\boldsymbol{S}$$

即感生电场对任意闭合路径的线积分取决于磁感应强度的变化率对这一闭合路径所围面积的通量。这说明,感生电场是有旋电场。我们可以用恒定电流产生的磁场去类比变化的磁场产生感生电场,它们的形状都是涡旋的。因为不存在磁荷,磁场是无源场,即磁感线一定闭合;而感生电场分布的空间中亦无电荷,故感生电场也是无源场,感生电场的电场线也是闭合的。

这里,我们需要强调的是,感生电场比感生电动势更本质。即无论是否有导线回路,只要存在变化的磁场,就一定有感生电场存在。

我们比较感生电场和静电场的异同。二者都是电场,都对电荷有力的作用。但是,场的来源不同:静电场是由电荷激发的,而感生电场却是由变化的磁场激发的。此外,静电场的电场线始于正电荷、止于负电荷,是不闭合的;而感生电场的电场线是闭合的,有旋电场。在静电场中,我们引入了势的概念,是因为静电场为保守场;而感生电场并非保守场,没有势的概念。

### 2. 空间的总电场

了解感生电场后,我们就可以将空间的电场分为两个部分:静电场与感生电场。静电场有源无旋,感生电场有旋无源,两者各自涵盖了场的不同性质。将电场写作

$$\boldsymbol{E} = \boldsymbol{E}_库 + \boldsymbol{E}_旋$$

$\boldsymbol{E}_库$ 是有旋无源场,满足如下性质

$$\oint_S \boldsymbol{E}_库 \cdot \mathrm{d}\boldsymbol{S} = \frac{\sum q}{\varepsilon_0}$$

$$\oint_l \boldsymbol{E}_库 \cdot \mathrm{d}\boldsymbol{l} = 0$$

而 $E_{旋}$ 是有旋无源场，满足如下性质

$$\oint_S E_{旋} \cdot \mathrm{d}S = 0$$

$$\oint_l E_{旋} \cdot \mathrm{d}l = -\int_S \frac{\partial B}{\partial t} \cdot \mathrm{d}S$$

最后，我们得到了真空中电场满足的基本方程

$$\oint_S E \cdot \mathrm{d}S = \frac{\sum q}{\varepsilon_0}$$

$$\oint_l E \cdot \mathrm{d}l = -\int_S \frac{\partial B}{\partial t} \cdot \mathrm{d}S$$

# 8.3　自感与互感

## 8.3.1　自感及自感电动势

### 1. 自感系数

载流回路的电流会在回路内部产生磁场，因而会产生磁通量。在形状、大小以及周围介质的磁导率不变的情况下，若电路中的电流为 $I$，则通过回路的磁通量 $\Phi \propto I$。引入比例系数 $L$，则 $\Phi = LI$。$L$ 为自感系数，简称自感。

大量的实验表明，自感系数 $L$ 与回路的形状、大小以及周围介质的磁导率有关。当回路有 $N$ 匝线圈时，可以引入磁通链数

$$\Psi = N\Phi = LI$$

从上式可见，自感在数值上等于回路中的电流为 1 个单位时，穿过此线圈中的磁通链数。在 SI 中，自感系数的单位是 H（亨利），

$$1\,\mathrm{H} = 1\,\mathrm{V} \cdot \mathrm{s/A}$$

### 2. 自感电动势

我们可以由法拉第电磁感应定律，计算自感电动势

$$\varepsilon_L = -\frac{\mathrm{d}\Phi}{\mathrm{d}t} = -\left(L\frac{\mathrm{d}I}{\mathrm{d}t} + I\frac{\mathrm{d}L}{\mathrm{d}t}\right)$$

一般情况下，$L$ 为常量，因此

$$\varepsilon_L = -L \frac{\mathrm{d}I}{\mathrm{d}t}$$

从上式可见,自感在数值上等于回路中的电流变化率为 1 个单位时,在回路中所引起的自感电动势的绝对值。对于相同的电流变化率,线圈回路中的自感系数 $L$ 越大,回路中的自感电动势越大。自感电动势对回路中的电流变化有阻碍的作用,即使得电流尽可能不变化。因此回路的自感系数的大小反映了一个回路保持其中电流不变本领的大小,读者可由力学中的惯性去类比。

由自感电动势的计算公式,我们可以得到

$$L = -\frac{\varepsilon_L}{\mathrm{d}I/\mathrm{d}t}$$

这表明,自感是电路固有特性的量度。

定义式为我们提供了一个用实验测量 $L$ 的依据。由定义我们知道

$$L = \frac{\mathrm{d}\Psi}{\mathrm{d}I}$$

在非铁磁质并保证回路几何形状不变的条件下,我们可以用磁通除以通过的电流,计算自感系数 $L$ 的值。

◎**例 2**:有一长密绕直螺线管,长度为 $l$,横截面积为 $S$,线圈的总匝数为 $N$,管中介质的磁导率为 $\mu$,求自感 $L$。

**解**:对于长直螺线管,若通有电流 $I$,长直螺线管内部磁场可看作均匀,磁感应强度的大小为

$$B = \mu \frac{N}{l} I$$

磁场的方向与螺线管的轴线平行。穿过每匝线圈的磁通量为

$$\Phi_1 = BS = \mu \frac{N}{l} IS$$

磁通链数就是

$$\Psi = N\Phi_1 = LI$$

所以自感为

$$L = \frac{N\Phi_1}{I} = \frac{NBS}{I} = \frac{NS}{I} \mu \frac{N}{l} I = \mu \frac{N^2}{l} S$$

对螺线管,我们有

$$n = \frac{N}{l}, \; V = lS$$

$$\therefore \qquad\qquad L = \mu n^2 V$$

可见,欲增加螺线管的自感,须增加单位长度上的匝数,并选取较大磁导率的磁介质放在螺线管线圈内。

## 8.3.2　互感与互感电动势

### 1. 互感现象及互感系数

如图 8-5 所示,考虑分别通有电流 $I_1$ 和 $I_2$ 的两个线圈,当两个线圈靠近时,线圈 1 中电流所激发的磁场穿过线圈 2 会产生一定的磁通量,记为 $\Phi_{21}$。显然,当 $I_1$ 变化时,$\Phi_{21}$ 势必会变化,且二者满足 $\Phi_{21} \propto I_1$。 设比例系数为 $M_{21}$ 就有 $\Phi_{21} = M_{21} I_1$。 同理,线圈 2 中的电流在线圈 1 中激发的磁通量满足 $\Phi_{12} = M_{12} I_2$。

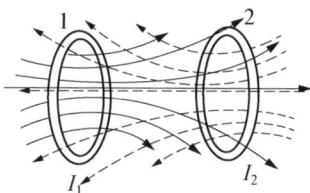

图 8-5　线圈

理论和实践都表明,$M_{12} = M_{21} = M$,$M$ 称为互感系数,简称互感。因此,我们知道

$$\Phi_{21} = M I_1, \; \Phi_{12} = M I_2$$

大量实验表明,互感系数只由两线圈的形状、大小、匝数、相对位置以及周围磁介质的磁导率决定。在 SI 中,互感系数的单位也是 H(亨利)。

### 2. 互感电动势

由法拉第电磁感应定律,可以计算互感电动势

$$\varepsilon_{21} = -\frac{\mathrm{d}\Phi_{21}}{\mathrm{d}t} = -M \frac{\mathrm{d}I_1}{\mathrm{d}t}$$

$$\varepsilon_{12} = -\frac{\mathrm{d}\Phi_{12}}{\mathrm{d}t} = -M \frac{\mathrm{d}I_2}{\mathrm{d}t}$$

由上式可见,互感系数表明了两线圈相互感应的强弱,或者说互感系数是两个电路耦合程度的量度。这里的负号表示在一个线圈中所引起的互感电动势,要反抗另一线圈中电流的变化。

◎**例 3**:如图 8-6 所示,在磁导率为 $\mu$ 的均匀无限大的磁介质中有一无限长直导线,与一长宽分别为 $l$ 和 $b$ 的矩形线圈处在同一平面内,直导线与矩形线圈的一侧平行,且相距为 $d$,求它们的互感。

**解**:设在直导线内通有电流 $I$,在距直导线 $x$ 处取面积元 $l\,\mathrm{d}x$,则此处的磁感应强度为

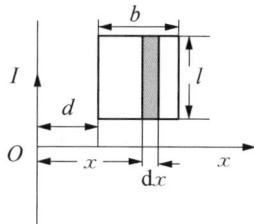

图 8-6　例 3

$$B = \frac{\mu I}{2\pi x}$$

于是，穿过此矩形线框的磁通量

$$\Phi = \int_S \boldsymbol{B} \cdot \mathrm{d}\boldsymbol{S} = \int_d^{d+b} \frac{\mu I}{2\pi x} l \, \mathrm{d}x = \frac{\mu I l}{2\pi} \int_d^{d+b} \frac{\mathrm{d}x}{x}$$

$$= \frac{\mu I l}{2\pi} \ln \frac{d+b}{d}$$

则互感为：

$$M = \frac{\Phi}{I} = \frac{\mu l}{2\pi} \ln \frac{d+b}{d}$$

◎**例 4：**若长直导线与矩形线圈如图 8-7 放置，互感如何？

**解：**我们同样设直导线内通有电流 $I$，由于对称性穿过矩形线框的磁通量 $\Phi = 0$。所以它们的互感 $M = 0$。

求自感、互感的方法小结：

1. 先假定一导线（或线圈）通有电流 $I$；

2. 计算由此电流激发的磁场穿过某回路的磁通；

3. 由磁通和电流的关系求出自感或互感。

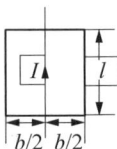

图 8-7　例 4

由这个方法，我们可以得到一个结论，自感或互感只与电路本身有关，而与所设电流无关。

# 8.4　磁场能量及密度

## 8.4.1　磁场能量及密度

此前，我们已知对电容充电所做的功等于电容的储能，即

$$W_e = \frac{1}{2}QU = \frac{1}{2}CU^2 = \frac{1}{2}\frac{Q^2}{C}$$

电容的能量实际上是储存在两极板之间的电场中的，我们可以引入电场能量密度来形容这一能量

$$w_e = \frac{1}{2}\varepsilon E^2$$

电场能量密度表明了单位体积里电场存储的能量。为了探究

磁场的能量,我们考虑图 8-8 所示的自感电路。考虑电流增长的过程,当开关 K 闭合时,在 $L$ 有电动势

$$\varepsilon_L = -L \frac{\mathrm{d}I}{\mathrm{d}t}$$

由欧姆定律

$$\varepsilon + \varepsilon_L = \varepsilon - L \frac{\mathrm{d}I}{\mathrm{d}t} = RI$$

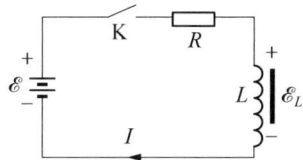

图 8-8 自感电路

上式变形为

$$\varepsilon I \mathrm{d}t - LI \mathrm{d}I = RI^2 \mathrm{d}t$$

若 $t=0$ 时,$I=0$;在 $t$ 时刻,电流增长到 $I$,对上式积分

$$\int_0^t \varepsilon I \mathrm{d}t = \int_0^I LI \mathrm{d}I + \int_0^t RI^2 \mathrm{d}t = \frac{1}{2} LI^2 + \int_0^t RI^2 \mathrm{d}t$$

上述各式的物理意义如下:

$\int_0^t \varepsilon I \mathrm{d}t$ 为电源在 $0$ 到 $t$ 这段时间内提供给电路的能量;

$\int_0^t RI^2 \mathrm{d}t$ 为导体消耗的能量(释放的焦耳热);

$\frac{1}{2} LI^2$ 则为电源反抗自感电动势而做的功,它作为磁能被储存,或说转化为磁场的能量。在这一过程中,满足能量守恒。

最终,我们得到如下结论:对于自感为 $L$ 的线圈,储能为

$$W_m = \frac{1}{2} LI^2$$

运用上式,可以计算自感储能。例如,对于体积为 $V$ 的长直螺线管,我们已经知道

$$L = \mu n^2 V, \ B = \mu n I$$

则管内的磁场能量为

$$W_m = \frac{1}{2} LI^2 = \frac{1}{2} \mu n^2 V \left( \frac{B}{\mu n} \right)^2 = \frac{1}{2} \frac{B^2}{\mu} V$$

观察到体积 $V$ 前的系数与电场能量密度的形式类似,因此我们引入磁场能量密度

$$w_m = \frac{W_m}{V} = \frac{1}{2} \frac{B^2}{\mu}$$

上式亦可变化,我们知道对各向同性均匀介质

$$B = \mu H$$

因此

$$w_{\mathrm{m}} = \frac{1}{2}\mu H^2 = \frac{1}{2}BH = \frac{B^2}{2\mu}$$

这一结论对任意磁场都成立,说明磁场的能量存在于整个磁场中。若磁场的能量密度是位置的函数,我们可以用积分计算磁场的能量

$$w_{\mathrm{m}} = \frac{\mathrm{d}W_{\mathrm{m}}}{\mathrm{d}V}, \ W_{\mathrm{m}} = \int_V w_{\mathrm{m}}\mathrm{d}V$$

## 8.4.2 应用

我们由例题了解电、磁场能量密度的运用。灵活运用这些公式,可以巧妙地求解自感、互感系数。

◎**例 5**:无限长圆柱形同轴电缆长为 $l$,内半径为 $R_1$,外半径为 $R_2$,中间充以磁导率为 $\mu$ 的磁介质,如图 8-9 所示。略去金属芯线内的磁场,求此同轴电缆单位长度的磁能和自感。

**解**:芯线内磁场为零,电缆外部磁场亦为零。芯线与圆筒之间任一点 $r$ 处的磁场强度为:

$$H = \frac{I}{2\pi r}$$

因此,$r$ 处的磁能密度为

$$w_{\mathrm{m}} = \frac{1}{2}\mu H^2 = \frac{\mu}{2}\left(\frac{I}{2\pi r}\right)^2 = \frac{\mu I^2}{8\pi^2 r^2}$$

磁场的总能量

$$W_{\mathrm{m}} = \int_V w_{\mathrm{m}}\mathrm{d}V = \frac{\mu I^2}{8\pi^2}\int_V \frac{1}{r^2}\mathrm{d}V$$

对长度为 1 的电缆,取一薄层圆筒形体积元

$$\mathrm{d}V = 2\pi r\mathrm{d}r \times 1 = 2\pi r\mathrm{d}r$$

得磁能为

$$W_{\mathrm{m}} = \frac{\mu I^2}{8\pi^2}\int_{R_1}^{R_2} \frac{2\pi r\mathrm{d}r}{r^2} = \frac{\mu I^2}{4\pi}\ln\frac{R_2}{R_1}$$

由磁能公式,可以得到单位长度的自感系数

$$L = \frac{2W_{\mathrm{m}}}{I^2} = \frac{\mu}{2\pi}\ln\frac{R_2}{R_1}$$

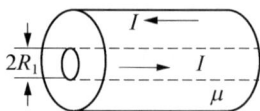

(1)

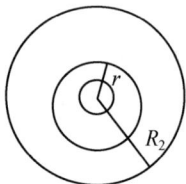

(2)

图 8-9  例 5

## 本章重点知识小结

　　本章介绍了电磁感应的基本现象，并总结为感应电动势正比于磁通量的变化率的负值。对于多匝线圈，感应电动势的表达式中还要乘上匝数。楞次定律给出了判断感应电动势的方法，即感应电流的效果总是反抗引起感应电流的原因。

　　根据感应电动势的产生原因，可以将其分为感生电动势和动生电动势两类，分别对应着变化的磁场和运动的线圈。前者的本质是洛伦兹力，后者的本质是感生电场。感生电场和静电场构成了空间中的总电场。

　　线圈中的电流产生的磁场会分别在自身和其他线圈中产生磁通量，对应着自感与互感。其大小均与电流的变化率成正比，比例系数为自感系数和互感系数。两个线圈之间的互感系数相同。

　　与电场一样，磁场中也储存着能量，因而可以写出磁场能量密度。

## 练习题

1. 一通有电流的无限长直导线与一矩形线框处在同一平面内,导线与线圈互不连通,如图所示。若导线中通有电流 $I = at$,$a$ 为正值常量。试求此线框中的感应电动势的大小和方向。

2. 将上一题中导线中的电流改为 $I = at^2$,$a$ 为正值常量。试求此时的感应电动势的大小。

3. 当题 1 中电流是一个常量 $I$ 而线框以速度 $v$ 向右匀速运动,求此时的感应电动势的大小。

4. 如图所示,两个导电金属杆以 45°的夹角摆放,其内部有匀强磁场。一金属杆与两金属杆相连并以 $v$ 的速度从 $O$ 点出发向右运动。设磁感应强度为 $B$,求电动势的大小与方向。

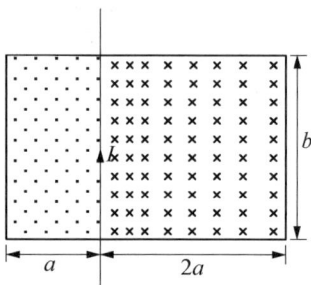

题 1

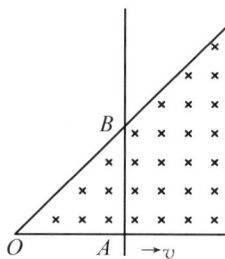

题 4

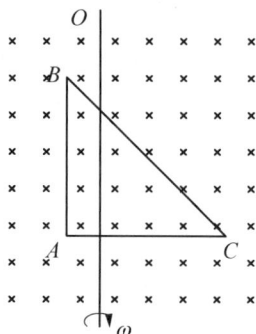

题 5

5. 如图所示,一电阻为 $R$ 的线圈绕成一等腰直角三角形,直角边长为 $a$,在图示匀强磁场 $B$ 中以 $\omega$ 的速度匀速旋转。在零时刻,三角形的位置如图所示。试求任意时刻的感应电动势大小。

6. 若在灯泡的电路中加入一自感系数较高的线圈,试推测忽然断电时,灯泡的状态如何。

7. 两根半径为 $a$ 的平行长直导线,相距为 $d$ 放置。在无穷远处将两导线连通,通以电流 $I$,忽略导线内部的磁通量,试求这对导线单位长度的自感系数。假设 $a$ 远小于 $d$。

# 第九章　光 学 基 础

　　光学是物理学中发展较早的一个分支,我国古代关于光现象的文字记录首推《墨经》,其中有"景,光之人,煦若射;下者之人也高,高者之人也下,足蔽下光,故成景于上;首蔽上光,故成景于下",总结了光线直进的原理;又有"鉴洼,景一小而易,一大而正,说在中之外内",记录了凹镜和凸镜成像的实验。其次,在《淮南子》中有金杯(类似凹镜)取火的记载,北宋沈括在《梦溪笔谈》中,对针孔成像、球面镜成像、虹霓、月食等现象都作了详尽的叙述,这些古书中有关光学的记载,在世界科学史上占有崇高的地位。

## 9.1　相干光　反射与折射

### 9.1.1　常见光源发光机理

　　能发射光波的物体称为光源,各种光源的激发方式不同,常见的有利用热能激发的,如白炽灯、弧光灯等热辐射发光光源;有利用电能激发引起发光的,称为电致发光,如稀薄气体中通电时发出的辉光以及半导体发光二极管等;有利用光激发引起发光的,称为光致发光,某些物质如碱土金属的氧化物等,在可见光或紫外线照射下被激发而发光,在外界光源移去后,立刻停止发光的,也称为荧光;在外界光源移去后,仍能持续发光的称为磷光;有由于化学反应而发光的,称为化学发光,例如燃烧过程、萤火虫的发光等都属化学发光;此外,还有受激辐射的激光光源。

　　普通光源(非激光光源)发光的机理是处于激发态的原子(或分子)的自发辐射,即光源中的原子吸收了外界能量而处于激发态,这些激发态是极不稳定的,电子在激发态上存在的时间平均只有 $10^{-11} \sim 10^{-8}$ s,这样,原子就会自发地回到低激发态或基态。在这过

光学

程中,原子向外发射电磁波(光波),每个原子的发光是间歇的。一个原子经一次发光后,只有在重新获得足够能量后才会再次发光,每次发光的持续时间极短,约为 $10^{-8}$ s。可见原子发射的光波是一段频率一定振动方向一定、有限长的光波,通常称为光波列。在普通光源中,各个原子的激发和辐射参差不齐,而且彼此之间没有联系,是一种随机过程,因而不同原子在同一时刻所发出的波列在频率、振动方向和相位上各自独立,同一原子在不同时刻所发出的波列之间振动方向和相位也各不相同。可见,普通光源中原子发光,真可谓此起彼伏瞬息万变。

可见光是波长在 400~760 nm 之间,亦即频率在 $4.3 \times 10^{14} \sim 7.5 \times 10^{14}$ Hz 之间的电磁波,如图 9 - 1 所示。具有单一频率的光波称为单色光,严格的单色光是不存在的。因为任何光源发出的光波都有一定的频率(或波长)范围,在此范围内,各种频率(或波长)所对应的强度是不同的,以波长(或频率)为横坐标,强度为纵坐标,可以直观地表示出这种强度与波长间的关系,称为光谱曲线,谱线所对应的波长范围越窄,则称光的单色性越好。例如激光的谱线宽度只有 $10^{-9}$ nm,甚至更小。

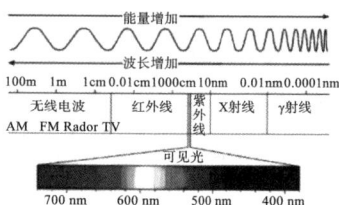

图 9 - 1 电磁波谱

**思考与讨论:**

光源有哪几种?

## 9.1.2 相干光

根据之前机械波的相关知识,两列波相遇发生干涉现象的条件是:振动频率相同、振动方向相同。事实上,从两个独立的同频率光源(如钠光灯)发出的光相遇,并不能得到干涉图样。这是为什么呢? 如何实现光的干涉现象呢? 下一节,我们将从电磁波的角度对光的相干性作简单的说明。

**思考与讨论:**

获取相干光的方法有哪些?

## 9.1.3 光的反射与折射

之前我们只讨论了光在一种介质中传播的规律和性质,接下来我们来研究一下光射到不同物质时的行为。最简单也最容易想到的物体是一面镜子,当光射到镜子时,就不再继续沿着原来的直线行进,而是在镜子表面发生突变,沿新的直线传播。我们定义入射

角和反射角分别是入射光线和反射光线与法线的夹角。于是可以得到我们耳熟能详的反射定律

$$\theta_i = \theta_r \qquad (9-1)$$

其中 $\theta_i$ 表示入射（incident）角，$\theta_r$ 表示反射（reflect）角，如图 9-2 所示。

当然，并不是所有介质都像镜子一样将入射光全部反射回原介质，光照射很多介质也会产生透射光，我们称这种现象为折射。事实上，反射光和折射光同时存在是更为一般的情形。描述折射角和入射角直接关系的就是折射定律，也称为斯涅尔定律。

$$n_1 \sin\theta_i = n_2 \sin\theta_t \qquad (9-2)$$

其中，$\theta_t$ 表示折射（transmit）角，$n_1$ 和 $n_2$ 分别表示入射介质和折射介质的（绝对）折射率。表 9-1 列出了几种常见介质的折射率。

**思考与讨论：**

光的反射与折射的区别是什么？

光的折射与反射

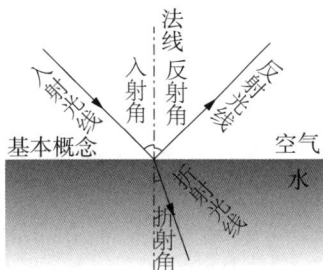

图 9-2　光的反射和折射

**表 9-1　几种常见介质的（绝对）折射率**

| 介　质 | 折射率 | 介　质 | 折射率 |
|---|---|---|---|
| 金刚石 | 2.42 | 岩盐 | 1.55 |
| 二氧化碳 | 1.63 | 酒精 | 1.36 |
| 普通玻璃 | 1.5 | 水 | 1.33 |
| 水晶 | 1.55 | 空气 | 1.000 28 |

# 9.2　光的干涉与衍射

## 9.2.1　光的干涉

我们知道光波是电磁波，传播的是交变的电磁场，即矢量 $E$ 和 $H$ 的传播，在这两个矢量中，对我们的眼睛或光仪器（如照相底板、热电偶）等起作用的主要是电场矢量 $E$。因此，以后我们提到光波中的振动矢量时，用矢量 $E$ 来表示，称为光矢量，或称电矢量。

设两个同频率单色光在空间某一点的光矢量 $E_1$ 和 $E_2$ 的数

值为

$$E_1 = E_{10} \cos(\omega t + \varphi_{10})$$

$$E_2 = E_{20} \cos(\omega t + \varphi_{20})$$

叠加后合成的光矢量 $\boldsymbol{E} = \boldsymbol{E}_1 + \boldsymbol{E}_2$，如果两光矢量是同方向的，合成光矢量的数值为

$$E = E_0 \cos(\omega t + \varphi_0) \tag{9-3}$$

其中：

$$E_0 = \sqrt{E_{10}^2 + E_{20}^2 + 2E_{10}E_{20}\cos(\varphi_{10} - \varphi_{20})}$$

$$\varphi_0 = \arctan\left(\frac{E_{10}\sin\varphi_{10} + E_{20}\sin\varphi_{20}}{E_{10}\cos\varphi_{10} + E_{20}\cos\varphi_{20}}\right)$$

光强 $I$ 是正比于 $\boldsymbol{E}^2$ 的，而对于普通光源，由于光源中原子或分子发光的随机性和间歇性，这两光波间的相位差也将随机地变化，因此在观测的时间内 $\cos(\varphi_{10} - \varphi_{20}) = 0$，即

$$I \propto E^2 = E_{10}^2 + E_{20}^2$$

或

$$I = I_1 + I_2 \tag{9-4}$$

上式表明两束光重合后的光强等于两束光分别照射时的光强之和，我们把这种情况称为光的非相干叠加。

现在考虑两束光的相位差 $(\varphi_{10} - \varphi_{20})$ 始终保持不变，则其合成后的光强为

$$I = I_1 + I_2 + 2\sqrt{I_1 I_2}\cos(\varphi_{10} - \varphi_{20}) \tag{9-5}$$

我们一般把 $2\sqrt{I_1 I_2}\cos(\varphi_{10} - \varphi_{20})$ 称为干涉项，这种情况称为光的相干叠加。由上式可知，两束光合成后的光强不仅取决于两束光的光强 $I_1$ 和 $I_2$，还取决于两束光间的相位差 $\Delta\varphi$。容易想到，当两束光在空间不同位置相遇，其相位差 $\Delta\varphi$ 也将有不同的值。因此，在空间各个不同位置的光强将发生连续的变化，即光强在空间中重新分布。

当 $\Delta\varphi = \pm 2k\pi (k = 0,1,2,\cdots)$ 时，$I = I_1 + I_2 + 2\sqrt{I_1 I_2}$ 这些位置的光强最大，称为干涉相长；

当 $\Delta\varphi = \pm(2k+1)\pi (k = 0,1,2,\cdots)$ 时，$I = I_1 + I_2 - 2\sqrt{I_1 I_2}$

这些位置的光强最小,称为干涉相消;特别地,当 $I_1 = I_2$ 时,合成后的光强可化简为

$$I = 2I_1(1 + \cos\Delta\varphi) = 4I_1\cos^2\frac{\Delta\varphi}{2} \qquad (9-6)$$

光强 $I$ 随相位差 $\Delta\varphi$ 的变化而变化,这就是光的干涉现象。

综上所述,我们把能产生相干叠加的两束光称为相干光,相干叠加必须满足频率相同、振动方向相同、相位差恒定的条件。由前面的讨论知道,普通光源发出的光是由光源中各个分子或原子发出的波列组成的,而这些波列之间没有固定的相位联系。因此,来自两个独立光源的光波,即使频率相同、振动方向相同,它们的相位差也不可能保持恒定,因而不能得到干涉现象。同样,同一光源的两个不同部分发出的光,也不满足相干条件,因此也不是相干光。只有从同一光源的同一部分发出的光,通过某些装置进行分束后,才能获得符合相干条件的相干光。

那么我们如何获得相干光呢? 获得相干光的方法的基本原理是把由光源上同一点发出的光设法"一分为二",然后再使这两部分叠加起来,由于这两部分光的相应部分实际上都来自同一发光原子的同一次发光,即每一个光波列都分成两个频率相同、振动方向相同、相位差恒定的波列,因而这两部分光是满足相干条件的相干光。把光源上同一点发出的光分成两部分的方法有两种(如图 9-3):一种叫分波阵面法,由于同一波阵面上各点的振动具有相同的相位,所以从同一波阵面上取出的不同部分可以作为发射次波的光源,这些次波交叠在一起发生干涉,如杨氏双缝实验等就用了这种方法;另一种叫分振幅法,就是当一束光投射到两种介质的分界面上时,发生反射和透射,分成两部分或若干部分,各自走过不同光程后重新叠加并发生干涉,例如薄膜干涉实验就用了这种方法。

**思考与讨论:**

光的干涉现象在生活中的例子有哪些?

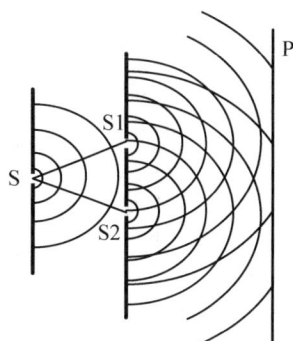

(a) 分波阵面法

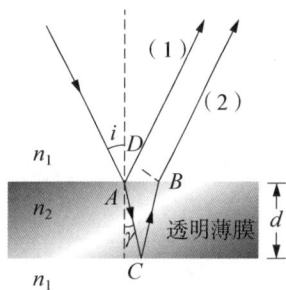

(b) 分振幅法

图 9-3 获得相干光的方法

## 9.2.2 光的衍射

光的衍射(图 9-4)和干涉一样,也是波动的重要特征之一,波在传播过程中遇到障碍物时能够绕过障碍物的边缘前进。这种偏离直线传播的现象称为波的衍射现象,例如:水波可以绕过闸口,声波可以绕过门窗,无线电波可以绕过高山等都是波的衍射现象。光

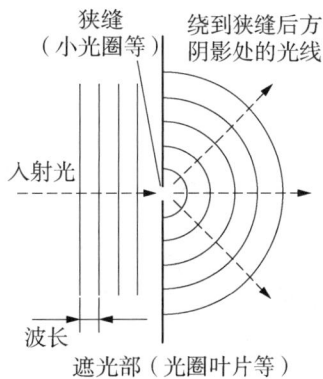

图 9-4 光的衍射

作为电磁波,也同样存在着衍射现象,但是由于光的波长很短,因此在一般光学实验中(例如光学系统成像等),衍射现象不显著。只有当障碍物(例如小孔、狭缝、小圆屏、毛发、细针等)的大小和光的波长相差不多时,才能观察到衍射现象。在光的衍射现象中,光不仅在"绕弯"传播,而且还能产生明暗相间的条纹,即在波长中能量将重新分布。

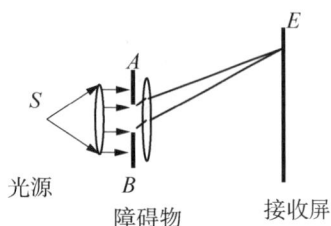

图 9-5 夫琅禾费衍射

观察光的衍射现象的实验装置一般由光源、衍射屏和接收屏组成。按它们相互间距离的不同情况,通常将衍射分为两类:一类是衍射屏离光源或接收屏的距离为有限远时的衍射,称为菲涅耳衍射;另一类是衍射屏与光源和接收屏的距离都可以认为无穷远的衍射,也就是照射到衍射屏上的入射光和离开衍射屏的衍射光都是平行光的衍射,称为夫琅禾费衍射,在实验室中,夫琅禾费衍射可用两个会聚透镜来实现,如图 9-5 所示。

夫琅禾费衍射在实际应用和理论上都十分重要,而且这类衍射的分析与计算都比菲涅耳衍射简单。

**思考与讨论:**

光的衍射现象在生活中的例子有哪些?

## 9.2.3  惠更斯-菲涅耳原理

惠更斯-菲涅耳原理

在研究波的传播时,总可以找到同相位各点的位置,这些点的轨迹是一个等相面,称为波面,惠更斯曾提出次波的假设来阐述波的传播现象,从而建立了惠更斯原理。惠更斯原理可表述如下:任何时刻波面上的每一点都可作为次波的波源,各自发出球面次波;在以后的任何时刻,所有这些次波波面的包络面形成整个波在该时刻的新波面。

波的衍射现象可以应用惠更斯原理作定性说明,但不能解释光的衍射图样中光强的分布。菲涅耳根据惠更斯的"次波"假设,补充了描述次波的基本特征——相位和振幅的定量表达式,并增加了"次波相干叠加"的原理,使之发展成为惠更斯-菲涅耳原理。这个原理的内容表述如下:

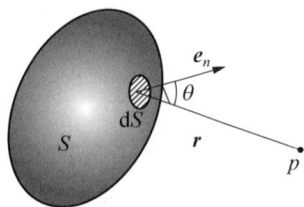

图 9-6  P 点的合振幅

如图 9-6 所示的波面 $S$ 上每个面积元 $dS$ 都可以看成新的波源,它们均发出次波。波面前方空间某一点 $P$ 的振动可以由 $S$ 面上所有面积元发出的次波在该点叠加后的合振幅来表示。

菲涅耳还指出,给定波阵面 $S$ 上,每一个面元 $dS$ 发出的子波,

在波阵面前方某点 $P$ 所引起的光振动的振幅的大小与面元面积 dS 成正比,与面元到 $P$ 点的距离 $r$ 成反比,并且随面元法线 $e_n$ 与 $r$ 间的夹角 $\theta$ 增大而减小。

计算整个波阵面上所有面元发出的子波在 $P$ 点引起的光振动的总和,就可得到 $P$ 点处的光强。

若取 $t = 0\,\text{s}$ 时刻波阵面上各点发出的子波初相为零,则面元 dS 在 $P$ 点引起的光振动可表示为

$$dE = CK(\theta)\frac{dS}{r}\cos\left(\omega t - \frac{2\pi r}{\lambda}\right)$$

其中 $C$ 是比例系数,$K(\theta)$ 为随着 $\theta$ 角增大而缓慢减小的函数,称为倾斜因子。菲涅耳认为,沿原波传播方向的子波振幅最大,因此当 $\theta = 0$ 时,$K(\theta)$ 最大,可取 1;当 $\theta > \pi/2$ 时,$K(\theta) = 0$,代表子波不能向后传播,$P$ 点的合振动就等于波阵面上所有 dS 发出的子波引起的振动的叠加,即

$$E(P) = \int \frac{CK(\theta)}{r}\cos\left(\omega t - \frac{2\pi r}{\lambda}\right) dS \qquad (9-7)$$

这就是惠更斯-菲涅耳原理的数学表达式。

**思考与讨论:**

惠更斯-菲涅耳原理是谁提出的?

# 9.3 液晶及几何光学

## 9.3.1 液晶的光学性质

液晶(图 9-7)是一种介于各向同性液体与各向异性晶体之间的一种新的物质状态,在一定温度范围内,它既具有液体的流动性、黏度、形变等机械性质;又具有晶体的热(热效应)、光(光学各向异性)、电(电光效应)、磁(磁光效应)等物理性质。已知道的液晶化合物有几千种,根据分子的排列方式,液晶可以分为近晶相、向列相和胆甾相三种。向列相和胆甾相是具有光学特性的液晶,应用最多。

液晶是一种完全不平常的相态。液晶各相态之间可以进行相变,把某些有机化合物例如胆甾基壬酸酯夹在玻璃片间,加热到某

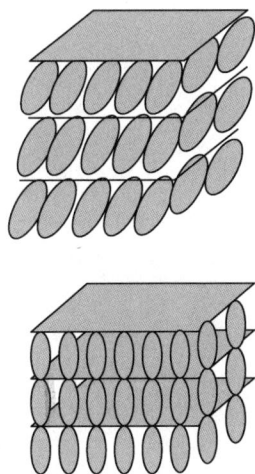

**图 9-7 液晶**

一温度就熔解成液晶状态,放在两偏振片间,在白光下就可看到偏振光的色偏振效应,继续加热就变成液体状态,偏光色效应也消失,显示出各向同性液体的性质了,液晶状态不只具有一种相,也具有两种以上的相。

当然不是一切化合物都会有这种液晶态。只有当分子形态是较长的棒状或平板状或其他在两个垂直方向上的形态大小相差比较大的分子,同时分子形态比较僵硬而不易改变,并且有较大的偶极矩时才会产生液晶态。液晶的光学性质相当丰富,这里仅仅挑选几个比较有趣且重要的性质加以说明:

(1) 旋光性:液晶旋光不仅与入射波长有关,且与温度有关,胆甾相液晶的旋光本领特别大,达 $18\,000°/mm$,并且随着温度的升高而显著减少,例如夹在聚氟乙烯透明膜片间的胆甾相液晶,在 27 ℃时,使偏振光的振动面旋转 45°,在 29 ℃时,就减为 15°,利用胆甾相液晶旋光的温度效应,可做成辐射型热像变换装置以及各种探测器,如红外线夜视器等,把看不见的电磁波和机械波直接转变成为图像,这对于红外线(夜视)、激光、X 射线及超声波、微波等研究工作以及它们的实际应用都具有重要意义。

(2) 双折射性:双折射性液晶是非线性光学材料,具有双折射性质。向列相液晶的分子长方向就是光轴方向,且为单正晶体,一般向列相液晶的 $\Delta n = n_e - n_o$ 在 0.1 以上,随材料和温度的不同而异,而方解石的 $\Delta n = -0.172$,石英仅为 0.008,因此液晶的双折射性还是比较显著的,胆甾相液晶的光轴垂直于层面而平行于螺旋轴,且为单轴负晶体。白光沿螺旋轴入射于胆甾相液晶,将分解为两束圆偏振光,其中旋转方向与螺旋方向相同的一束发生全反射,另一束透射。

(3) 抗磁性:液晶一般具有抗磁性,其磁化率也是各向异性的,即平行于分子长轴的磁化率 $\chi_{//}$ 和垂直于分子长轴的磁化率 $\chi_{\perp}$ 不同,$\chi_{//}$ 和 $\chi_{\perp}$ 均为负值,且 $\chi_{//} > \chi_{\perp}$。 同样,液晶的介电常量也是各向异性的,$\Delta\varepsilon = \varepsilon_{//} - \varepsilon_{\perp}$ 有正有负,取决于液晶的分子结构、极化率等因素,当对液晶施加电场或磁场时,液晶分子受外场影响容易改变取向,导致改变其化学性质,从而改其光学性质。这种现象称为液晶的电光效应和磁光效应。

液晶的理论研究尚需进一步突破,液晶的应用尚待进一步实用化,新的应用领域也有待进一步开发,但是液晶科学已发展成为一门引人瞩目的新兴学科。

**思考与讨论**

液晶具有什么特性?

## 9.3.2　几何光学简介

### 1. 符号法则

为了研究光线经由球面反射和折射后的光路,必须先说明一些概念以及规定适当的符号法则,以便使所得的结果能普遍适用。

如图 9-8 中的 $AOB$ 表示球面的一部分。这部分球面的中心点 $O$ 称为顶点,球面的球心 $C$ 称为曲率中心,球面的半径称为曲率半径,连接顶点和曲率中心的直线 $CO$ 称为主轴,通过主轴的平面称为主平面,主轴对于所有的主平面具有对称性。因此只需讨论一个主平面内光线的反射情况。图 9-8 表示球面的一个主平面。

在计算任一条光线的线段长度和角度时,对符号作如下规定:

(1) 线段长度都从顶点算起,凡光线和主轴的交点在顶点右方的,线段长度的数值为正;凡光线和主轴的交点在顶点左方的,线段长度的数值为负,物点或像点到主轴的距离,在主轴上方为正,在下方为负。

(2) 光线方向的倾斜角度都从主轴(或球面法线)算起,并取小于 $\pi/2$ 的角度,由主轴(或球面法线)转向有关光线时,若沿顺时针方向转动,则该角度为正;若逆时针方向转动,则该角度为负(在考虑角度的符号时,不必考虑组成该角的线段的符号)。

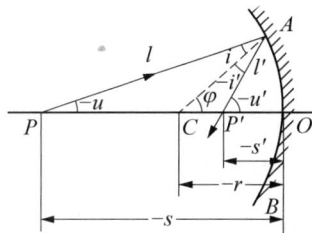

图 9-8　主平面内的球面反射

(3) 在图中出现的长度和角度(几何量)只用正值。例如 $s$ 表示的某线段的值是负的,则应用 $-s$ 来表示该线段的几何长度。以下讨论都假定光线自左向右传播。

### 2. 球面镜折射

先讨论最简单的情况,左侧介质折射率为 $n$,右侧介质折射率为 $n'$,光(电磁波)在真空中的传播速率是 $c$,在介质中的传播速率是 $c/n$。

如图 9-9 所示,入射光为 $QM$,在半径为 $r$ 的球面上 $M$ 点折射后,光线方向发生偏折,出射光线为 $MO'$,其中 $i$ 表示入射角,$t$ 表示折射角。在 $\triangle QMC$ 和 $\triangle O'MC$ 中,由正弦定理

$$\frac{p}{\sin \varphi} = \frac{-s+r}{\sin i}$$

$$\frac{p'}{\sin \varphi} = \frac{s'-r}{\sin t}$$

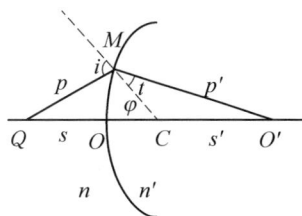

图 9-9　主平面内的球面镜折射

以上两式可进一步化为

$$\frac{p}{n(-s+r)}=\frac{\sin\varphi}{n\sin i}$$

$$\frac{p'}{n'(s'-r)}=\frac{\sin\varphi}{n'\sin t}$$

根据折射定律(斯涅耳定律) $n\sin i = n'\sin t$ 得到

$$\frac{p}{n(-s+r)}=\frac{p'}{n'(s'-r)} \tag{9-8}$$

再根据余弦定理

$$p^2=(-s+r)^2+r^2-2r(s+r)\cos\varphi$$

$$p'^2=(s'-r)^2+r^2-2r(s'-r)\cos\varphi$$

将上述两式整理后代入 $\dfrac{p}{n(-s+r)}=\dfrac{p'}{n'(s'-r)}$ 得到

$$\frac{(-s)^2+4r(-s+r)\sin^2\dfrac{\varphi}{2}}{n^2(-s+r)^2}=\frac{s'^2-4r(s'-r)\sin^2\dfrac{\varphi}{2}}{n'^2(s'-r)^2}$$

整理后

$$\frac{(-s)^2}{n^2(-s+r)^2}-\frac{s'^2}{n'^2(s'-r)^2} \tag{9-9}$$

$$=-\sin^2\frac{\varphi}{2}\left[\frac{4r}{n^2(-s+r)}+\frac{4r}{n'^2(s'-r)}\right]$$

继续做小角度近似:

$$\lim_{\varphi\to 0}\sin^2\frac{\varphi}{2}=\left(\frac{\varphi}{2}\right)^2=0$$

$$\frac{(-s)^2}{n^2(-s+r)^2}=\frac{s'^2}{n'^2(s'-r)^2}$$

或

$$\frac{-s}{n(-s+r)}=\pm\frac{s'}{n'(s'-r)} \tag{9-10}$$

在这里的推导过程,我们使用了傍轴条件,即当 $\varphi$ 很小时,物方光线、像方光线、与光轴的夹角都很小,所有参与成像的光线都靠近光轴。

如果仅考虑本书中图的情况,上式应取负号,整理后得

$$\frac{n'}{s'}-\frac{n}{s}=\frac{n'-n}{r} \tag{9-11}$$

上式称为折射高斯公式,其中 $s$ 定义为物距,$s'$ 定义为像距,记

$$\Phi = \frac{n' - n}{r} \qquad (9-12)$$

为折射球面的光焦度,其量纲为长度的倒数,即 $\mathrm{m}^{-1}$,也叫作屈光度。光焦度是折射球面的基本光学参数,由球面的曲率半径和球面两侧的折射率差值决定。

考虑 $s \to \infty$ 的情形,这时入射光线近似平行于主轴,有

$$s' = \frac{n'r}{n' - n} = \frac{n'}{\Phi} \qquad (9-13)$$

这种情况下,像成在一个特殊位置,称为像方焦点,记作 $F'$,这一特殊距离叫作像方焦距,记作 $f'$。同样可以想到,若像在无穷远处,$s' \to \infty$,有

$$s = -\frac{nr}{n' - n} = -\frac{n}{\Phi} \qquad (9-14)$$

这时,物在一个特殊的位置,称为物方焦点,记作 $F$,这一特殊距离叫作物方焦距,记作 $f$。当然以上两式都要求 $n' \neq n$ 才有意义。在定义了物方焦距和像方焦距之后,高斯公式可以进一步化简为

$$\frac{f'}{s'} + \frac{f}{s} = 1 \qquad (9-15)$$

高斯公式只是一个近似公式,它要求入射光线与光轴的夹角 $\varphi$ 足够小,即需要满足傍轴条件;对于不满足傍轴条件的光线,限于篇幅的原因,我们在此不作进一步的讨论。但是可以肯定的是,球面镜是无法精确成像的。事实上,通过今后的学习可以知道,平面反射镜是唯一能够严格精确成像的几何光学仪器。

### 3. 球面镜反射

我们知道球面镜的折射物像关系式为

$$\frac{n'}{s'} - \frac{n}{s} = \frac{n' - n}{r} \qquad (9-16)$$

现在考虑将反射也视作一种折射,对于折射定律 $n \sin i = n' \sin i'$,如果令 $i' = -i$,那么折射的效果就相当于发生了一次反射,此时可以得到 $n' = -n$,即像方折射率是物方折射率的负值。

同时,在反射的情况下,物方和像方在球面的同一侧,因此像距

的计算方法与折射的情况刚好相反,我们需要将折射高斯公式中的 $s'$ 改成 $-s'$、$n'$ 改为 $-n$,即

$$\frac{1}{s'} + \frac{1}{s} = \frac{2}{r} \tag{9-17}$$

事实上,上式也可以由球面上的反射定律推导出。

当 $r \to \infty$ 时,球面镜成为一个平面镜,上式也变为平面镜的反射公式

$$s' = -s \tag{9-18}$$

根据折射的推导过程,同样可以定义球面镜的物方焦距和像方焦距

$$f = f' = -\frac{r}{2} \tag{9-19}$$

这里的负号表示物与像在同一侧,与折射的情形不同。这样,球面镜反射的高斯公式也可以写成

$$\frac{f'}{s'} + \frac{f}{s} = 1 \tag{9-20}$$

### 4.（薄）透镜的焦距

图 9-10 薄透镜主平面内的光线

上一小节已经讨论了球面镜的折射公式,而光透过薄透镜的行为可以视为光依次经过前后两个球面的折射。因此我们也可以通过球面镜的折射公式来推导薄透镜的成像。

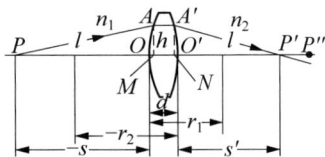

如图 9-10 所示,设透镜两个球面镜的中心分别是 $O$、$O'$,$OO' = d$,$PO = -s$,$O'P' = s'$,$OP'' = s''$,$P$ 点由 $AO$ 面成像于 $P''$,$P''$ 由 $A'O'$ 面成像于 $P'$。

第一次成像:

$$\frac{n}{s''} - \frac{n_1}{s} = \frac{n - n_1}{r_1} \tag{9-21}$$

第二次成像,注意这里的物距应为 $-s$

$$\frac{n_2}{s'} - \frac{n}{s' - d} = \frac{n_2 - n}{r_2} \tag{9-22}$$

对于薄透镜,我们有近似 $d \to 0$,上两式相加,得

$$\frac{n_2}{s'} - \frac{n_1}{s} = \frac{n - n_1}{r_1} + \frac{n_2 - n}{r_2}$$

记 $\dfrac{n - n_1}{r_1} + \dfrac{n_2 - n}{r_2} = \Phi$,称为薄透镜的光焦度。化简为:

$$\frac{n_2}{s'} - \frac{n_1}{s} = \Phi \tag{9-23}$$

即薄透镜的成像公式。

令 $s' \to \infty$，则 $s = -\dfrac{n_1}{\Phi}$，称作物方焦距，记作 $f$；同样，令 $s \to \infty$，则 $s' = \dfrac{n_2}{\Phi}$，称为像方焦距，记作 $f'$。细心观察的话可以发现，这些结论与球面镜情况下的结论相似。

如果将透镜放置在空气中（大多数情况），那么 $n_1 = n_2 = 1$，公式化简为：

$$\frac{1}{s'} - \frac{1}{s} = \Phi \tag{9-24}$$

这时焦距的表达式为：

$$f' = -f = \frac{1}{\dfrac{n-1}{r_1} - \dfrac{n-1}{r_2}} = \frac{1}{(n-1)\left(\dfrac{1}{r_1} - \dfrac{1}{r_2}\right)} \tag{9-25}$$

上式被称为磨镜者公式。

### 5.（横向）放大率

如图 9-11 所示，在球面镜的折射成像中，将物和像的高度分别记作 $y$ 和 $y'$，定义像高与物高的比值为像的横向放大率 $\beta$，即

$$\beta = \frac{y'}{y} = \frac{P'Q'}{PQ} = \frac{s' \tan i'}{s \tan i}$$

根据小角度近似，$\tan i \approx \sin i$，而 $\dfrac{\sin i'}{\sin i} = \dfrac{n}{n'}$ 所以有

$$\beta = \frac{ns'}{n's} \tag{9-26}$$

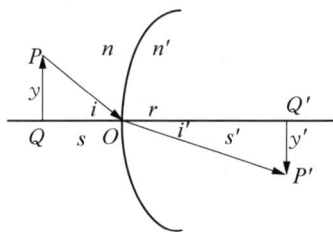

图 9-11 球面镜折射的横向放大率

同样如果考虑球面镜反射的情况，我们可以将上述公式中的 $n'$ 改为 $-n$，即

$$\beta = -\frac{s'}{s} \tag{9-27}$$

**思考与讨论：**

几何光学的基本定律包括哪些？

# 9.4　实　　验

## 9.4.1　杨氏双缝实验

托马斯·杨(T. Young)在 1801 年首先用实验方法研究了光的干涉现象。他让太阳光通过一针孔,再通过离这针孔一段距离的两个针孔,在两针孔后面的屏幕上得到干涉图样。继而发现,用相互平行的狭缝代替针孔,可以得到明亮得多的干涉条纹。这些干涉实验统称为杨氏实验。杨氏实验的成功,为光的波动理论确定了实验基础。

杨氏双缝实验的光路图如图 9-12 所示,在普通单色光源后放一狭缝 $S$ 相当于一个线光源,$S$ 后又放有与 $S$ 平行且等距离的两平行狭缝 $S_1$ 和 $S_2$,两缝之间的距离很小,为 $d$,这时 $S_1$ 和 $S_2$ 构成一对相干光源,从 $S_1$ 和 $S_2$ 发出的光波在空间叠加,产生干涉现象。如果在双缝后放置一屏幕,将出现一系列稳定的明暗相间的条纹称为干涉条纹。这些条纹都与狭缝平行,条纹间的距离彼此相等。

在这实验中,由光源 $S$ 发出的光的波阵面同时到达 $S_1$ 和 $S_2$,通过 $S_1$ 和 $S_2$ 的光将发生衍射现象,$S_1$ 和 $S_2$ 就成为两个新的波源,这两个新波源发出的光满足相干光的条件。由于 $S_1$ 和 $S_2$ 是从发出的波阵面上取出的两部分,所以把这种获得相干光的方法称为分波阵面法。

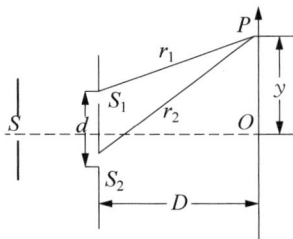

图 9-12　杨氏双缝实验的光路图

通过波动光学的计算可以得到各级亮条纹离中心点 $O$ 的距离满足

$$x = \pm k \frac{D\lambda}{d}, \; k = 0, 1, 2\cdots \tag{9-28}$$

$D$ 和 $d$ 的含义如图所示,$k=0$ 对应的亮条纹称为零级明纹或中央明纹,$k=1, 2\cdots$ 对应的条纹称为第 $k$ 级明纹。

同样,暗条纹的条纹中心与 $O$ 点距离满足

$$x = \pm \left( k + \frac{1}{2} \right) \frac{D\lambda}{d}, \; k = 0, 1, 2\cdots \tag{9-29}$$

显然,两条相邻的明条纹或暗条纹的间距都是

$$\Delta x = \frac{D}{d}\lambda \tag{9-30}$$

**思考与讨论：**

杨氏双缝干涉实验说明了什么结果？

## 9.4.2　菲涅耳双棱镜实验

在双缝实验中，仅当缝 $S_1$ 和 $S_2$ 都很狭窄时，才能在屏上出现清晰的干涉条纹，但这时通过狭缝的光太弱，因而干涉条纹不够明亮。1818 年，菲涅尔(A. J. Fresnel)进行了很多实验，主要的有双镜实验和双棱镜实验，双棱镜实验装置如图 9-13 所示。双棱镜的截面是一个等腰三角形，两底角(也就是上、下两棱镜的顶角)各约 1°，由狭缝光源 $S$ 发出的光波，经双棱镜折射，将分为两束相干光波，这两束光可等效地看作由两个虚光源 $S_1$ 和 $S_2$ 所发出。由于上、下棱镜的顶角很小，$S_1$ 和 $S_2$ 之间的距离也很小，和杨氏双缝实验相似。所以对双缝实验的干涉条纹的分析完全适用于双棱镜实验。图 9-13 中画有阴影的部分是光在空间重叠的区域，把屏幕放在这一区域中，屏幕上将出现干涉图样。

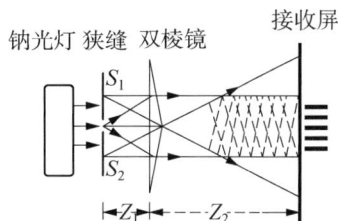

图 9-13　菲涅尔双棱镜实验

**思考与讨论：**

菲涅耳双棱镜实验原理是什么？

## 9.4.3　劳埃德镜实验

劳埃德(H. Lloyd)于 1834 年提出了一种更简单的观察干涉的装置，如图 9-14 所示。$MM'$ 为一块平玻璃板，用作反射镜，$S$ 是一狭缝光源。从光源发出的光波，一部分掠射(即入射角接近 90°)到玻璃平板上，经玻璃表面反射到屏上；另一部分直接射到屏上。这两部分光也是相干光，它们同样是用分波阵面得到的。反射光可看成是由虚光源 $S'$ 发出的。$S$ 和 $S'$ 构成一对相干光源，对干涉条纹的分析与杨氏实验也相同，图中有阴影的区域表示相干光在空间叠加的区域。这时在屏上可以观察到明暗相间的干涉条纹。

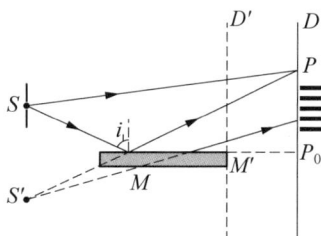

图 9-14　劳埃德镜实验

应该指出，在劳埃德镜实验中，如果把屏幕移近到和镜面边缘 $M'$ 相接触，即图中 $P_0$ 的位置，这时从 $S$ 和 $S'$ 发出的光到达接触处的路程相等，应该出现明纹，但实验结果却是暗纹，其他的条纹也有相应的变化。这一实验事实说明由镜面反射出来的光和直接射到屏上的光在 $P_0$ 处的相位相反，即相位差为 π。由于直玻璃平板发生反射时，反射光的相位跃变了 π。进一步的实验表明：光从光疏介质射到光密介质界面反射时，在掠射(入射角 $i \approx 90°$)或正入射

光能的应用

$(i \approx 0)$ 的情况下,反射光的相位较之入射光的相位有 π 的突变,这一变化导致反射光的波程在反射过程中附加了半个波长,故常称为"半波损失"。今后在讨论光波叠加时,若有半波损失,在计算波程差时必须计及,否则会得出与实际情况不同的结果。

**思考与讨论:**

劳埃德镜实验说明了什么?

## 本章重点知识小结

1. 相干光：我们把能产生相干叠加的两束光称为相干光。

2. 普通光源发光原理：处于激发态的原子（或分子）向低激发态或基态跃迁，以电磁辐射的形式释放能量。

3. 反射定律：$\theta_i = \theta_r$；折射定律：$n_1 \sin \theta_i = n_2 \sin \theta_t$。

4. 两束光干涉方程：$I = I_1 + I_2 + 2\sqrt{I_1 I_2} \cos \Delta\varphi$，$\Delta\varphi$ 为相位差。

5. 获得相干光的两种主要方法：分波阵面法和分振幅法。

6. 根据光源、衍射屏和接收屏三者的距离关系，衍射可分为菲涅耳衍射和夫琅禾费衍射。

7. 惠更斯-菲涅耳原理：$E(P) = \int \dfrac{CK(\theta)}{r} \cos\left(\omega t - \dfrac{2\pi r}{\lambda}\right) \mathrm{d}S$。

8. 液晶的（部分）光学性质：旋光性、双折射性、抗磁性。

9. 几何光学：球面镜折射 $\dfrac{n'}{s'} - \dfrac{n}{s} = \dfrac{n'-n}{r}$

   球面镜反射 $\dfrac{1}{s'} + \dfrac{1}{s} = \dfrac{2}{r}$

   （薄）透镜成像 $\dfrac{n_2}{s'} - \dfrac{n_1}{s} = \dfrac{n-n_1}{r_1} + \dfrac{n_2-n}{r_2} = \Phi$

   球面镜折射的横向放大率 $\beta = \dfrac{y'}{y} = -\dfrac{ns'}{n's}$

10. 著名实验：杨氏双缝实验、菲涅耳双棱镜实验、劳埃德镜实验。

## 练习题

1. 来自不同光源的两束白光，例如两束手电筒光照射在同一区域内，是不能产生干涉图样的，这是由于（    ）。

(A) 白光是由不同波长的光构成的

(B) 两光源发出不同强度的光

(C) 两个光源是独立的，不是相干光源

(D) 不同波长的光速是不同的

2. 杨氏双缝干涉的实验是（    ）。

(A) 分波阵面法双光束干涉        (B) 分振幅法双光束干涉

(C) 分波阵面法多光束干涉        (D) 分振幅法多光束干涉

3. 在相同的时间内，一束波长为 $\lambda$ 的单色光在空气中和在玻璃中（    ）。

(A) 传播的路程相等，走过的光程相等

(B) 传播的路程相等，走过的光程不相等

(C) 传播的路程不相等，走过的光程相等

(D) 传播的路程不相等，走过的光程不相等

4. 光在真空中和介质中传播时，正确的描述是（    ）。

(A) 波长不变，介质中的波速减小        (B) 介质中的波长变短，波速不变

(C) 频率不变，介质中的波速减小        (D) 介质中的频率减小，波速不变

5. 光波从光疏介质垂直入射到光密介质，当它在界面反射时，其（    ）。

(A) 相位不变                        (B) 频率增大

(C) 相位突变                        (D) 频率减小

6. 在杨氏双缝实验中，当两缝的间距变大时，干涉条纹的宽度会有何变化？如果两缝的缝宽增大呢？

7. 简要说明为什么无线电波可以绕过建筑物传播，而光波却不能。

8. 波长为 $\lambda$ 的单色光在折射率为 $n$ 的介质中，由 $a$ 点传到 $b$ 点相位改变了 $\pi$，则对应的光程差（光程）为_____。

9. 真空中波长为 $500\,nm$ 的绿光在折射率为 1.5 的介质中从 $A$ 点传播到 $B$ 点时，相位改变了 $5\pi$，则光从 $A$ 点传到 $B$ 点经过的光程为_____。

10. 一束真空中波长为 $\lambda$ 的光，投射到一双缝上，在屏幕上形成明暗相间的干涉条纹，那么第一级明纹对应的光程差为_____。

11. 波长为 $\lambda$ 的单色光垂直照射在由两块玻璃叠合形成的空气劈尖上，其反射光在劈棱处产生暗条纹。这是因为空气劈下表面的反射光存在_____。

# 第十章  波　　动

　　我们将某一物理量的扰动或振动在空间逐点传递时形成的运动称为波。不同形式的波虽然在产生机制、传播方式和与物质的相互作用等方面存在很大差别，但在传播时却表现出多方面的共性，可用相同的数学方法描述和处理。波动是物质运动的重要形式，广泛存在于自然界。被传递的物理量扰动或振动有多种形式，机械振动的传递构成机械波，电磁场振动的传递构成电磁波（包括光波），温度变化的传递构成温度波，晶体点阵振动的传递构成点阵波，自旋磁矩的扰动在铁磁体内传播时形成自旋波，实际上任何一个宏观的或微观的物理量所受扰动在空间传递时都可形成波。

　　最常见的机械波是构成介质的质点的机械振动（引起位移、密度、压强等物理量的变化）在空间的传播过程，例如弦线振动、水面波、空气或固体中的声波等。产生这些波的前提是介质的相邻质点间存在弹性力或准弹性力的相互作用，正是借助于这种相互作用力才使某一点的振动传递给邻近质点，故这些波亦称弹性波。

# 10.1　机　械　波

　　通过前面章节的学习，我们已经知道了什么是机械振动，并对其中最基本也是最重要的简谐运动进行了深入详细的讨论。本章我们将进一步学习质点机械振动向外传播的情形。我们日常生活中的一些场景，比如讲话时我们所听到的人声，石头丢入水中所引起的水波等，都是机械振动向外传播的结果。我们把这类机械振动在空气或水等各种介质中的传播过程称为机械波。

共振

　　那么"波"到底是什么？将一艘纸质小船放置在平静的水面，当我们在水面制造一个扰动引起水波后，仔细观察可以发现小船只是在原位置上下浮动，水平面上的位置并未随波移动；又比如甩绳这一健身运动中，整个长绳会随着我们手臂甩动出现规律的凹凸波形，但绳上各点只是在原平衡位置上下运动，并没有向前移动，类似

的例子在日常生活中还有很多。虽然它们有各种不同的体现形式，但是存在一个共同点，即介质中的物质并没有随波迁移。

　　静止的质点因波的传播而发生了振动。这说明质点由于波的传播而获得了能量。因此，我们认为波在传递波源处的振动的同时也向外界传递了波源的能量。即波是传递能量的一种方式。比如在甩绳运动中，当健身者停止甩动手臂时，长绳产生波动的能量来源便消失，其振动也将从源头处逐渐停止。

　　虽然产生波的方式有很多种，但我们对波的分类则是依据其在介质中的振动方向与传播方向的关系来进行的。当波的传播方向与质点的振动方向互相垂直时，称其为横波。当波的传播方向与质点的振动方向在同一直线上时，称其为纵波，如弹簧的振动就是最常见的一种纵波。本教材主要通过对横波的学习来了解波的一些性质，由此得到的结论对于纵波仍然适用。

　　图 10-1 所示为一列沿 $x$ 轴正方向匀速传播的简谐波的波形图。波传播过程中两个相邻的、相位差为 $2\pi$ 的质点之间的距离称为波长（$\lambda$），纵波则是相邻密部或疏部中间位置之间的距离等于波长。任意一个质点完成一次全振动所用的时间称为波的周期（$T$），其倒数为波的频率（$f$）。单位时间内振动状态传播的距离称为波速（$u$）。波速与波长、周期以及频率之间满足关系式

$$u = \frac{\lambda}{T} = f\lambda \tag{10-1}$$

　　由于波的频率取决于波源的频率，因此当同一束波在不同介质中传播时波长越长波速就越大，波长越短波速就越小。为了进一步分析波的特征，我们引入波函数

$$\varphi = f(\boldsymbol{r}, t) \tag{10-2}$$

式中 $\boldsymbol{r}$ 为质点的位置矢量，对于一维情形，上式也可以表示为

$$\varphi = f(\boldsymbol{r}_x, t) \tag{10-3}$$

　　利用波函数，我们可以将二维平面中一列沿 $x$ 轴正方向传播的简谐波，在 $t_0$ 时刻原点处的振动方程表示为

$$y_0(t) = A\cos(\omega t_0 + \varphi_0) \tag{10-4}$$

其中 $\varphi_0$ 为初始相位。而该列波中任意一点 $P$（横坐标为 $x$），在 $t$ 时的振动情况可表示为

$$y_P(x, t) = A\cos[\omega(t - \Delta t) + \varphi_0] \tag{10-5}$$

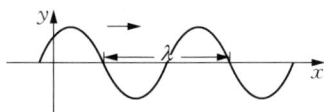

图 10-1　简谐波

式中 $\Delta t$ 为波源的振动传至该点所用时间。若波速 $u$ 已知，则 $\Delta t = \frac{x}{u}$，将其代入上式有

$$y_P(x, t) = A\cos\left[\omega\left(t - \frac{x}{u}\right) + \varphi_0\right] \qquad (10-6)$$

对于沿 $x$ 轴负方向传播的波，我们只需要将上式中的 $t - \frac{x}{u}$ 改成 $t + \frac{x}{u}$ 即可。

◎**例1**：现有一列正方向频率 $f = 10\,\text{kHz}$，振幅 $A = 0.2\,\text{mm}$ 的横波，其波速 $u = 2.0 \times 10^3\,\text{m/s}$。现取其中一点为坐标原点，其初相位 $\varphi = 0$。试求：(1) 该波的波长与周期；(2) 原点处的振动表达式；(3) 波函数；(4) 离原点 10 cm 处质点的振动表达式；(5) 在原点振动 $t = 0.0013\,\text{s}$ 时的波形。

**解**：(1) 波长 $\lambda = \frac{u}{f} = 0.20\,(\text{m})$，

$$\text{周期 } T = \frac{1}{f} = 1 \times 10^{-4}\,(\text{s})$$

(2) 原点处的振动方程

$$y_0(t) = A\cos(\omega t + \varphi) = 0.2\cos(2\pi \times 10^4 t)$$

(3) 波函数

$$y(t) = A\cos\left[\omega\left(t - \frac{x}{u}\right) + \varphi\right]$$
$$= 0.2\cos\left[2\pi \times 10^4\left(t - \frac{x}{2.0 \times 10^3}\right)\right]$$

(4) 将 $x = 0.10\,\text{m}$ 代入质点振动波函数可得

$$y(t) = 0.2\cos(2\pi \times 10^4 t - \pi)\,\text{mm}$$

即该点落后波源半个周期。

(5) 将 $t = 0.0013\,\text{s}$ 代入质点振动波函数，得

$$y(t) = 0.2\cos(-10\pi x)\,\text{mm} = 0.2\cos(10\pi x)\,\text{mm}$$

## 10. 2 波的能量及密度

因为波是传播能量的一种形式,我们主要关注波的能量及其密度。设一列简谐波沿均匀细绳传播,其波动方程为

$$y = A\cos\left[\omega\left(t - \frac{x}{u}\right) + \varphi_0\right] \tag{10-7}$$

设细绳线密度为 $\rho_l$,选取其中一小段 $\Delta x$,其质量为 $\rho_l \Delta x$,其动能为

$$
\begin{aligned}
E_k &= \frac{1}{2}\rho_l \Delta x \left(\frac{\partial y}{\partial t}\right)^2 \\
&= \frac{1}{2}\rho_l A^2 \omega^2 \sin^2\left[\omega\left(t - \frac{x}{u}\right) + \varphi_0\right]\Delta x
\end{aligned}
\tag{10-8}
$$

当这一小段绳被拉离平衡位置时,其势能为

$$E_p = \frac{1}{2}\rho_l A^2 \omega^2 \sin^2\left[\omega\left(t - \frac{x}{u}\right) + \varphi_0\right]\Delta x \tag{10-9}$$

在波传递过程中,细绳上的任一小段 $\Delta x$ 的机械能为

$$
\begin{aligned}
E &= E_p + E_k \\
&= \rho_l A^2 \omega^2 \sin^2\left[\omega\left(t - \frac{x}{u}\right) + \varphi_0\right]\Delta x
\end{aligned}
\tag{10-10}
$$

简谐运动在整个振动过程中始终保持机械能守恒,即动能增大的时候,势能必然减小。机械波的传播过程中,各质点机械能并不守恒,这也再次表明波是传递能量的一种方式。为了更好地研究波传递过程中能量的变化情况,引入能量密度

$$w = \frac{\mathrm{d}E}{\mathrm{d}V} = \frac{\mathrm{d}E}{S\mathrm{d}x} = \frac{\rho_l}{S}A^2\omega^2\sin^2\left[\omega\left(t - \frac{x}{u}\right) + \varphi_0\right] \tag{10-11}$$

其中,$S$ 是绳的截面面积。将细绳的密度

$$\rho = \frac{\rho_l}{S} \tag{10-12}$$

代入上式,可以得到

$$w = \rho A^2\omega^2\sin^2\left[\omega\left(t - \frac{x}{u}\right) + \varphi_0\right] \tag{10-13}$$

其单位为 $J/m^3$。根据此表达式可知,波在介质中传播时,其能量密度呈周期性的变化。对于高频率短周期的波,在实际情形中难以测

量某一时刻的能量密度。因此,我们更加关注平均能量密度,通过对瞬时能量密度的积分来求解其在一个周期内的平均能量密度

$$\overline{w} = \frac{1}{T}\int_0^T \rho A^2 \omega^2 \sin^2\left[\omega\left(t - \frac{x}{u}\right) + \varphi_0\right] dt \qquad (10-14)$$

$$= \frac{1}{2}\rho A^2 \omega^2$$

此结果适用于计算各类型波在传播过程中的平均能量密度。

◎**例 2:**科学家研究表明,90 分贝以上的噪声对人耳有明显危害,该分贝的噪声换算为声强是 $10^{-3}$ W/m²,假设空气密度为 $1.29 \times 10^{-3}$ kg/m³,若该声音的频率为 1 000 Hz,试求其的振幅大小。(空气中声速为 340 m/s)

**解:**因为人耳接收到的是平均能量,因此有

$$A = \frac{1}{\omega}\sqrt{\frac{2I}{\rho u}} = \frac{1}{2\pi v}\sqrt{\frac{2I}{\rho u}} \approx 1.07 \times 10^{-5} \text{ m}$$

# 10.3 驻波与多普勒效应

## 10.3.1 驻波

我们在日常生活中经常会遇到这些现象,比如在空旷的礼堂说话时会听到很明显的回声;池塘中泛起的水波到岸堤时会产生回波等。出现这些现象是因为机械波在传播过程中遇到阻碍而发生了反射,如图 10-2 所示;当然不仅是机械波,电磁波在遇到障碍物时同样也会发生反射现象,比如光的反射就是非常直观的一个例子。

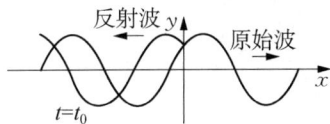

图 10-2 机械波反射

反射波与原始波应当具有相同的特征性质,仅仅是在传播过程中遇到障碍,被物体反射后传播方向发生了变化。我们知道波是传递能量的一种方式,那么当两列波相遇时,在重叠区域里质点的位移应当等于两列波各自单独所引起的位移的矢量和,这一性质被称为波的叠加原理,如图 10-3 所示。

本小节主要讨论一维机械波与其反射波相遇的情形。对于原始波和反射波,其波源相同,因此具有相同的频率、振幅。令反射点为坐标原点,取初始相位为 0,原始波与反射波的波函数分别为

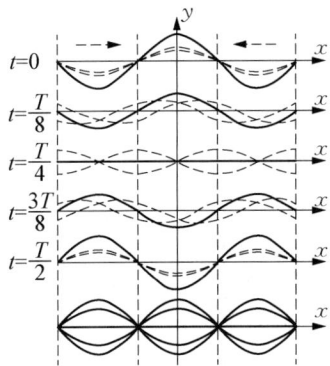

图 10-3 波的叠加原理

$$y_{原始} = A\cos 2\pi\left(\omega t - \frac{x}{\lambda}\right) \tag{10-15}$$

$$y_{反射} = A\cos 2\pi\left(\omega t + \frac{x}{\lambda}\right) \tag{10-16}$$

两列波叠加后,波函数为

$$
\begin{aligned}
y &= y_{原始} + y_{反射} \\
&= A\left[\cos 2\pi\left(\omega t + \frac{x}{\lambda}\right) + \cos 2\pi\left(\omega t - \frac{x}{\lambda}\right)\right] \tag{10-17} \\
&= \left(2A\cos\frac{2\pi x}{\lambda}\right)\cos\frac{2\pi t}{T}
\end{aligned}
$$

振幅 $\left|2A\cos\dfrac{2\pi x}{\lambda}\right|$ 是以 $x$ 为自变量的函数。振幅受波源与介质的影响,当 $\dfrac{2\pi x}{\lambda} = k\pi(k=0,1,2\cdots)$ 即 $x = \dfrac{k\lambda}{2}$ 时,波的振幅最大,这一位置我们称为波腹。同样,$x = \dfrac{(2k+1)\lambda}{4}$ 的位置质点的振幅为 0,这一位置被称为波节。由于形成驻波的两列波能流密度相等,方向相反,所以驻波不传递能量,只是介质的一种特殊振动形式。

## 10.3.2 多普勒效应

我们在讨论波的性质特征时,均默认波源与观测者处于相对静止的状态。但在现实情形中,两者往往存在相对运动的情况。比如:天文学家观测宇宙中的星体、地面信号站接收卫星、宇宙空间站的信号等。这些场景中观测者所接收到的频率与波源的实际频率并不一致。当观测者与波源相对远离时,观测者接收到的波的频率比原频率低;反之,则接收到的波的频率比原频率高,这一现象我们称为多普勒效应。

首先,我们讨论观测者以速度 $v_R$ 朝向静止波源运动的情形。设波速为 $u$,则其在 $\Delta t$ 时间内传播的距离为 $u\Delta t$,而观测者运动的距离为 $v_R\Delta t$。这就相当于观测者在"波上"运动了 $(v_R + u)\Delta t$ 的距离,故其观测到波的频率为

$$\nu_R = \frac{u + v_R}{u}\nu_0 \tag{10-18}$$

若观测者远离波源,只需将负值代入 $v_R$ 即可。

而对于波源以速度 $v_s$ 朝静止观测者运动的情形,因为波源的

运动,介质中实际波长变小了,所以当波向前传播一个周期的同时,波源也向前运动了一个周期,波长相当于被压缩了,因此有

$$\lambda' = uT - v_s T = \frac{u - v_s}{\nu_0} \qquad (10-19)$$

故观测者测得的频率为

$$\nu_s = \frac{u}{\lambda'} = \frac{u}{u - v_s}\nu_0 \qquad (10-20)$$

多普勒效应在许多领域都有重要应用。例如道路上的测速仪基本原理是通过接收车辆反射的雷达波来计算车辆速度。当车辆以不同速度行驶时,接收器收到回波的频率各不相同,从而得到其行驶速度。

# 10.4 声波与超声波

人耳所能感受到的机械振动频率在 20 Hz 到 20 kHz 之间,我们称之为声波。在此范围之外,低于 20 Hz 的称为次声波,高于 20 kHz 的称为超声波。声波在固体中传播时是横波,在气体及液体中传播时是纵波。通常用声压和声强两个物理量描述声波。声波以纵波形式传播的过程中,沿着声波传播方向会存在疏密区。在疏区,介质被"拉伸"了,因而压强减小;在密区,介质被"压缩"了,因而压强增加。由此,将声波定义为声波传播时的压强与无声波的压强的差值,则声压也在作周期性变化。

声强是声波的平均能流密度,即单位时间内通过垂直于声波传播方向的单位面积的声波能量。波源往往可以视作一个点,在均匀介质中,波会均匀地向四周传播,形成球面波。波源的功率固定时,单位时间内传播的能量是固定的。因此,声波所形成的球面波的总能量正是单位时间内波源传播的能量。因此,声强为

$$I = \frac{1}{2}\rho A^2 \omega^2 = \frac{P}{S} \qquad (10-21)$$

式中 $P$ 为波源功率,$S$ 为面积。

对于超声波,其波长短、频率高,因而定向性好,具有传播远距离而不发散的性质。利用该性质可以制造超声波声呐,探测水中的

超声波清洗器

鱼群、潜艇等。由平均能流密度公式可知，超声波能够传递较大功率的能量。据此可以利用超声波进行切割等操作。

# 10.5　实　　验

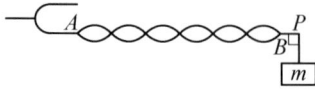

图 10-4　驻波实验

本节将介绍一个观察驻波的实验，这有助于增强对驻波的理解。如图 10-4 所示，一横置 Y 形音叉下侧叉壁与一通过可动刀口支架 A 的细绳相连。细绳依次通过可动刀口支架 B 以及定滑轮 P 后悬挂一质量为 m 的重物，从而使细绳紧绷产生张力。我们通过敲击音叉产生振动，使其沿细绳向右传播波动，达到支架 B 处后，发生反射形成反射波，并与原始波相叠，形成驻波。

我们通过改变悬挂物的质量 m，来改变细绳中的张力，实验结果表明驻波的波长随着细绳张力的增加而增加。除改变细绳张力，我们也可以通过改变叉臂重量来改变其频率。实验结果表明振源的频率越高，驻波的波长越短。

## 本章重点知识小结

1. 波的主要特征是波的波长、周期、频率与波速。可以用波函数去描述一个波，它是时间和空间坐标的函数。

2. 在波的传播中，对于同一点的同一时刻，质点动能与势能变化的大小、方向均相同。

3. 不同波之间相互独立，它们的叠加是各个波直接叠加。

4. 当波传播到介质边缘的时候，会发生反射与折射。

5. 反射波与原来的波相互干涉，发生驻波现象。驻波存在波腹和波节，波腹处振幅最大而波节处振幅为 0。

6. 当波源与观察者开始运动，会产生多普勒效应。它使相对靠近的波所观测到的频率变高而使相对远离的波所观测到的频率变低。

7. 声波与超声波是常见的波，往往用声压和声强去描述。两者的频率在不同的范围，因而表现出不同的性质。

## 练习题

1. 在波速为 $300\,\text{m/s}$ 的介质中，一波源振动频率为 $2\,000\,\text{Hz}$，求其波长。

2. 人眼所能见到的光，即可见光的波长范围约为 $390\,\text{nm}$ 至 $780\,\text{nm}$。求其频率范围。

3. 设存在一简谐波，波函数为 $y(x,t)=0.5\cos(2\pi\times10^3 t+\pi\times10^2 x)\,\text{m}$，式中 $x$ 以 m 为单位，$t$ 以 s 为单位。求：

（1）波的振幅、波长、频率、波速和传播方向；

（2）$x=0.2\,\text{m}$ 处质点振动的初相位。

4. 设沿 $x$ 轴正方向传播的余弦简谐波，其振幅为 $2\,\text{m}$，频率为 $50\,\text{Hz}$，在波速为 $300\,\text{m/s}$ 的介质中传播。设其初相位为 0：

（1）写出其波函数；

（2）若介质密度为 $1.29\,\text{kg/m}^3$，求其能量密度的最大值。

5. 在波速为 $1\,000\,\text{m/s}$ 的介质中有一频率为 $200\,\text{Hz}$ 的波，试计算：

（1）波源右侧观察者以 $10\,\text{m/s}$ 的速度向右运动时，其收到波的频率；

（2）波源以 $200\,\text{m/s}$ 的速度向右运动时，波源右侧观察者收到波的频率；

（3）波源以 $200\,\text{m/s}$ 的速度向左运动而观察者以 $10\,\text{m/s}$ 的速度向右运动时，观察者收到波的频率。

6. 一驻波的表达式为 $y=0.2\cos\dfrac{2\pi x}{100}\cos\dfrac{2\pi t}{0.5}\,\text{m}$，试求出其波腹的位置并写出原始波振幅的大小。

7. 什么是波？简要描述波的定义及其基本特征，举例说明机械波和电磁波的区别。

8. 简答波的分类。